欢迎来到松弛世界

勇敢开始，
你就会知道自己有多优秀。

——致追光的你

什么是勇敢？
不要回头看。

特别推荐

作为一名影视剧导演，我在镜头背后见证了无数角色人生的起起落落，勇敢面对生活等于精彩人生的基底。镜头下，角色们面对逆境时所展现的勇气和决心，是一段段生活感悟的汇集，都是他们面对挑战时的思考与成长。生活不会总是一帆风顺，但正是这些波折，塑造了坚韧不拔的精神。

《勇敢的人先享受世界》不仅仅是一部散文集，它更像是一面镜子，映照出每个人内心深处的勇气和力量，每一个挑战背后，都隐藏着成长的机会。

散文集中的每一篇文章，都如一部短小的影片，展现了愉悦、享受、迷茫抑或较量。在这些文字里，既有如何在挫折中成长，也有如何在逆境中找寻希望，这些经历，或许能在面对生活时带来一丝力量和启示。文章充满了文学性和艺术性，它们不仅仅是对生活的描述，更是对心灵的触摸。我相信，无论你是正在面对困境，还是对未来充满期待，这部散文集都会给你带来深刻的启示和力量，与作者一起勇敢面对生活的每一个挑战，成为更好的自己。

——杨磊　电视剧《三体》导演

这是你仅有一次的人生，要好好活过，才知好歹。《勇敢的人先享受世界》这本超有力量的书尤其适合缺乏勇气的年轻人，当你单枪匹马或者孤独迷茫时，让它陪你一起勇敢去爱，勇敢去恨，勇敢去记得，勇敢去忘掉，勇敢向前看，勇敢做自己。勇敢的人未必会一帆风顺，但勇敢的人一定能乘风破浪。

——老杨的猫头鹰　百万畅销书作家

Be Brave to Live Fully

勇敢的人先享受世界

李梦霁 著

新世界出版社

生活动荡，颠沛流离；全副武装，随时“跑路”。

无论如何，都胜过生活在等待里。

在一次次痛哭、追问、思考中，越来越清醒，越来越爱自己，也越来越靠近幸福。

没有深夜痛哭过的人，

不足以谈人生。

风中闯一闯，追自己的光。

每一只小动物，每一朵花，每一颗果实，都变成我童年百宝箱里的宝贝。它们不言不语，滋养了我的想象，化作一团率真的孩子气，成为独特的创作源泉。

它们也变成了我们性格底色里的快乐和逍遥，让我们在成年人的世界里，更轻盈地接受变故与风雨。

别光低头赶路，也要抬头看路。方向错了，停下才是进步。

愿我们都是横冲直撞的玫瑰，
有花瓣，有余香，也有刺。

莎士比亚曾把记忆比作迷迭香，思想比作三色堇。

我愿左手一束迷迭香，右手一株三色堇，拥抱我深爱的世界、人类与文明。

生活的真相不是非黑即白，世界非常复杂，

总是善意和敌意并存，美好与阴影同在。

我们能做的是，

真正选择一种自己更喜欢的人生，

享受它正面的成果，也接受它负面的后果。

想好再选，选好就认，勇敢的人才能先享受世界。

认清世界的真相，依然热爱生活。

克劳德·莫奈（Claude Monet，1840 年 11 月 14 日—1926 年 12 月 5 日）

法国画家，被誉为“印象派领导者”，是印象派代表人物和创始人之一。

其主要作品有《日出·印象》《干草堆》《睡莲》等。

寄语

当我翻开梦霁的新书《勇敢的人先享受世界》，仿佛迈入了一场令人心潮澎湃的“人生意义探索”之旅。她以独特的视角，勇敢地找寻生活与世界的无限可能性。作为一位背包客、作家和公益人，她将自己的丰富经历融入每一页的文字中，她不仅敢于追求梦想，更愿意与读者分享如何在逆境中坚持、如何在挑战中成长的心路历程。这本书不仅仅是记录与思考，更是关于勇气和探索。愿你翻开此书，获得启发，勇敢地踏上探索生命意义的旅程，因为——勇敢的人先享受世界。

—— 童小言　上海市女性创业典型人物

李梦霁老师是我心目中的灵魂作家。她是稀缺的，因为她勇敢地活出自我，热烈地爱着生活。作为出版人，我希望这样的作家能多一点，更希望像她这样的作家能取得成功。这是一本她表达自己生活态度的书，相信她的热烈滚烫，能点亮你来人间一场的心潮澎湃。

—— 刘 sir　福布斯环球联盟创新企业家

梦霁是我见过的很勇敢的女孩。她可以边旅行边写作，洒脱自在地享受世界。身边有这样梦想的人不在少数，但真正能实践的人寥寥无几。因此，我觉得梦霁对生活的理解和实践足以成为一个参照，让我们在庸常的生活中还记得远方。

—— 王路　知名实力派作家

推荐序

我的天才好友

我该如何描述你，优雅、聪慧、灵魂有香气的女孩，纯真得如同山涧的清泉，我早就想用我有限的笔墨为你写上千言万语。

我该如何拥抱你，当你的心因受伤而痛，我又不在你的身旁。

我该如何追赶你，我的天才好友，当你的才华如星辰照亮世界。

……

回忆起来，我与你已相识七年。

我们最初认识同是图书编辑。初入职场，我们那样清澈，那样无忧无虑。

那时，我们挣得不多，在一起合租，睡一张床，你却敢于放弃不喜欢的工作，从公司裸辞，每天在家安安静静地复习、写作，没过多久你就考上了硕士研究生，还是第一名。

你从不化妆，早晨只用清水洗脸，皮肤就如初生的花瓣般细腻透亮，无需任何脂粉修饰；你不烫发、不染发，不像很多同龄女孩一样热衷于买衣服，衣柜里总是那几件简约朴素的衣服，款式简单，色彩淡雅。

“北漂”那么多年，你的所有物品，一个箱子就能装得下，你是如此特别的女孩，自律自由，内在丰盛，懂得什么是生活真正的秩序。

你有自己真正珍视的东西，而不是外界希望你成为的样子。

你的人生从来不是轨道，是旷野，是麦田，是鸟语花香。

在生活的画卷上，你细细描绘着每一步的轨迹，每一天都没有虚度。

你一直写作，从未停止，向世界传播善知识；精通英语，同时做笔译和口语老师；坚持做义工，播撒爱的种子，温暖他人，手有余香；提升学历，去牛津大学、英属哥伦比亚大学做交换生，不断拓宽自己认知的边界；跨越冰原，踏足南美，感受世界的辽阔与浩瀚。

你会花几个小时给读者写信开导她，帮助她走出原生家庭的泥沼；面对读者的困境和倾诉，你有问必答，知无不言……你的生命没有哗众取宠、争名夺利的低俗斗争，只有不断创作、奉献、助人、度人，你有自己的使命和人生意义。

有时候，我不禁慨叹：你小小的身躯，哪里获得了这么多的力量啊！

你加快了自己人生的步伐，出版了《允许一切发生》《你只是来体验生命的》，加上这本《勇敢的人先享受世界》，并凭借百万畅销书《允许一切发生》成功转型为全职作家，开始环游世界，专注发展写作事业。

你常对我说："写作，耗尽了我的力气。"

那是因为你的文字深刻、真实，这些故事的背后是你呕心沥血地解剖自己，内心的海啸不断翻涌，本该遗忘的事却在记忆里反复重演，有多辛苦，大概写作的人都知道。

但那是你的热爱，甚至是生命，作为闺密，我永远支持并祝福。

作为曾经的图书编辑，我想给读者简单介绍一下这本书。

这部书创作于梦霁环游世界期间，她的世界已经变得更加辽阔，人生这条船，她已然可以掌舵，“在逆风里把握方向，做不改颜色的孤星。”

但她的文字依然优美细腻、深情款款，语言质朴，叙述亲切自然，笔尖还增添了一丝轻松感和幽默气息。

这本书展示了一个女性在人生旅途中真正的勇敢，以及这种勇气的价值。看完这本书，你会发现：这一切不是为了告诉你“如何成为更好的人”，而是希望你所有的选择都是基于“我的感受”，正如梦霁所说：“我们终其一生，应该成为一个令自己满意的人，而未必是令旁人满意的人。”

而何为勇敢？我想梦霁用她的文字和人生写下了这样的 4 种品质——在纷繁复杂、充满诱惑的世界，简单生活是一种勇敢；在侮辱诋毁、强加的莫须有面前，会心一笑是一种勇敢；在羞愧失败、迷茫内疚过后，重新接纳自己是一种勇敢；在身心俱疲、濒临绝望的时刻，好好吃饭、脚踏实地是一种勇敢。

梦霁“出道”很早，20 岁出头就出版了销量达 10 万册的畅销书《一生欠安》。年少成名的好处是，我们每一个读者都可以看着她一点点蜕变，一点点成长——看着她求职、裸辞、失业，看着她相亲、结婚、独身，看着她一点一点走出迷茫和世俗评价体系，渐渐地活出自己，这不是纸上谈兵，而是最好的实践和证明。

30 岁了，我们都有更远更长的路要走。我相信她会在文学领域取得更大的成就，也期待着那一天。我希望我们可以通过文字，和梦霁一起不留遗憾地老去。

愿梦霁的文字永远常读常新，让年轻的心可以在这里投宿。

奕 由

2024 年夏，于北京

目录

Contents

有一个夜晚，我烧毁了所有的记忆，从此我的梦就透明了。有一个早晨，我扔掉了所有的昨天，从此我的脚步就轻盈了。

——泰戈尔

Part 2 勇敢的人不逃避

直面过去，是为了走向未来

人的一生中，最光辉的一天并非功成名就的那天，而是从悲叹与绝望中产生对人生的挑战，以勇敢迈向意志的那天。

——居斯塔夫·福楼拜

Part 3 勇敢的人躬身入局

别做人生的看客，掌握命运主动权

如果我会发光，就不必害怕黑暗。如果我自己是那么美好，那么一切恐惧就可以烟消云散。

——王小波

Part 4 勇敢的人不迟疑

人生建议：尽早对世界祛魅

生活总是让我们遍体鳞伤，但到后来那些受伤的地方一定会变成我们最强壮的地方。

——海明威

有一个夜晚，我烧毁了所有的记忆，从此我的梦就透明了。有一个早晨，我扔掉了所有的昨天，从此我的脚步就轻盈了。

——泰戈尔

Part 1

勇敢的人不回头

走错的路，

爱错的人，

使我成为我

与其犹豫，不如去闯

01 无论如何，都胜过生活在等待里

在成为全职写作者之前，我上过八年班。

八年里，我接触过许多全职作家、全职画家、独立策划人、独立设计师，他们都不上班，拥有自由支配的时间。

每一位我都很羡慕，也从不吝啬表达我对他们的敬意。

每次他们都说："如果你想，你也可以呀。"

我会摆摆手："我可没有这个勇气。"

担心没有稳定的收入，没有"五险一金"的保障，我总对自己说："再上几年班，攒够钱，就能成为真正的作家。"

后来，我想写小说，关系密切的编辑老师纷纷举手赞成。我们深知，成为小说家是绝大多数写作者的至高理想，而许多文学类奖项也只为小说开设。

但我迟迟没有动笔，觉得自己年纪太轻，阅历太薄，见识太短，不足以写出一本完整的小说。

我对自己说："再等几年，多看一些书，多走一些路，多见一些人，我才能写出真正的小说。"

大家都知道，我在北京漂了七年，搬过十次家，住过十一个房间。

那些年里，我所有家当都是可折叠、可拆卸、易收纳的便携式物品，洗漱用品也都是小瓶装，因为不知道什么时候就要搬家。

生活动荡，颠沛流离；我全副武装，随时“跑路”。

那时逛宜家家居，看到漂亮的寝具、沙发、碗碟、靠垫、台布、绿植，我会想象，等将来有了稳定的居所，一定要买许多精致的家居饰品，再养一些植物，莳花弄草，好好生活。

可是直到离开北京，我居住的每一处都像《红楼梦》里薛宝钗的房间——“雪洞”一般，极简风格，没有任何多余的装饰。

哲学家维特根斯坦有这样一个经典的比喻：一个人搬进一个暂住的房间，想着总有一天会搬走，于是不拆开装满家当的箱子。

他说，如果他不能马上离开此地，那么就应该立刻拆开箱子，安定下来，无论那个房间的好坏。

“无论如何，都胜过生活在等待里。”

02 每一天都像彩排，真正的演出不会到来

巴西作家保罗·柯埃略，15 岁就确定了“成为作家”的职业理想。

他的母亲忧心忡忡地说：“你的叔叔是一名医生，他也写书，有些甚至还出版了。如果你学习工程学，你一定也可以利用业余时间来写书。”

他坚定地回答：“不是的，妈妈。**我想成为一名作家，而不是一名会写书的工程师。”**

回望过去，我无数次在枯燥乏味的工作岗位上，畅想成为全职作家的一天，用业余时间写书，甘当“会写书的打工人”；读过成千上万本小说，却从未落笔真正写下一段开头；“寄宿制”的人生从大学起，绵延十年，永远活在“未来会好的”的幻想里。

职场，只是我临时客串的舞台，总有一天，我会搭建一方属于自己的天地。

所以，职场不曾回报给我多少成就感。八年，依然是“流水线女工”，做着最基础的重复劳动，从“小李”变成“李姐”，没能成为管理层。

裁员的寒风终于吹到了我们部门，我首当其冲下了岗。

合租房，只是我短暂歇脚的驻地，总有一天，我会在温馨明媚的房间醒来，用精巧的杯碟泡一杯茶，在茶香氤氲里开启崭新的一天。

现实是，我常年拿着一个褪了色的保温杯，因为它可以适应各种生活场景，一杯在手，说走就走。我不喝茶、不喝饮料，只喝白开水，因为茶渍不好洗。

房地产中介的广告语是："房子是租来的，但生活不是。"

我暗自腹诽：在租来的房子里，关于好好生活的渴望，随时可能因为房东的一通电话，一秒梦碎。

作家宁不远在其作品《莲花白》里，讲述了这样一个故事。

一座小城，未来会因修水电站而被淹没，所有人都知道这个结局，于是他们活在"暂时的生活"里，**每一天都像彩排，而真正的演出永远不会到来。**

03 “以后会好的”

30岁这一年，由于种种机缘巧合，我的人生终于迎来了“真正的演出”。

先是开启了梦寐以求的环球旅行，又鼓起勇气全职写作，还开始创作剧本和小说。在这本书里，也有几篇短故事，它们是我在虚构类创作领域做出的尝试，希望你们喜欢，也期待大家指正。

在目前居住的房间里，我买来了心仪已久的花草、床垫、写字台。这不是我的房子，我不知会住多久，但只要今天还生活在这里，就应该好好过。

大约许多人，都和过去的我一样，有过同样的想法吧。

小时候，爸妈管束严格，你总觉得“上了大学，离开家就好了”；初入职场，受到不公平对待，想着“熬成主管就好了”；单身时，生了病，同事送来黄桃罐头，却怎么都拧不开瓶盖，以为“嫁了人就好了”；结了婚，惊觉婚姻当真是爱情的坟墓，又想“生了孩子就好了”；孩子出生，占据了全部的时间和精力，总安慰自己“孩子长大就好了”。

当孩子远走高飞，你终于可以实现年少时环游世界的梦想，却发现自己已是老眼昏花、腿脚不便、精力不济，智能手机都用不利索，一出门就找厕所，环游世界从人生梦想变成一个遥不可及的梦，再也没有实现的一天。

我们活在对未来的幻想中，却白白度过了当下的每一刻。

没有意外降临、没有英年早逝的平凡人生，也只有3万多天，但我们并没有真正“活过”这3万多天，而是把大量时间浪费在“等我……以后，就好了”的幻想中。

04 未来永远不会来

21 世纪初，有位美国女性完成了“死后环游世界”的壮举。

她在很年轻时，就梦想环游世界，为此一直存钱，想着退休后就出发。

没想到，还没退休，她就中风了，又患上肺气肿，长年依靠呼吸机生活，根本出不了门。

她一生都活在自己出生的那个州，甚至未能在美国旅行。

临终前，她在遗嘱里写道，希望死后，将自己的骨灰分装到 241 个小袋子里，送去美国 50 个州和世界上 191 个国家，生前没能去到之处，她期望死后抵达。

孝顺的儿子在母亲死后，寄出 241 个小袋子，恳请收到骨灰的人帮母亲完成遗愿。

幸运的是，全世界的陌生人都在帮助这位美国女性“圆梦”。

在玻利维亚，她的骨灰被撒到南美地势最高的淡水湖——的的喀喀湖；在瑞典，她的骨灰被撒到皇宫前的小河中；在澳大利亚的一家福利院，她的骨灰被撒在花园里，并被视为那里的守护天使。

这个故事展示了全人类的大爱与温暖。我并不认同“死去元知万事空”，相信替亡者完成遗愿是有意义的。

但是假如，在她身体康健的年纪，在她心怀梦想、努力存钱的某一天，她启程了，来到另一座城市旅行，哪怕只是周末的短途旅行，她的人生会不会有一点不同？

在她年老体衰、卧病在床、靠呼吸机维持生命的时刻，会不会少一点遗憾，多一点圆满？

过往三十年的经历教会我，与其犹豫，不如去闯。

看韩剧《请回答 1988》，最经典的剧评是“犹豫就会败北”，男生一次次在犹豫不决间错失向女孩表达心意的机会。

爱情如此，人生亦如此。

与其在幻想中踟蹰不前，不如就在此刻，抓住一切可能，让自己过上满意的人生。

因为未来，永远不会来。

不开心时，哭一场也没关系

01 没有深夜痛哭过的人，不足以谈人生

作为一个热衷养生的年轻人，我不喝冷饮、烟酒不沾、均衡饮食、保持午睡、热水泡脚、常年熏艾，为了多活几年煞费苦心，付出甚多。

但唯有一点，我很难长期执行：按时早睡。

写作这个工种的特殊性在于，不是我想工作的时候就可以顺利工作。

没有灵感时，或许枯坐一日，也未能产出只言片语；

有时灵感突至，轻轻松松就能文思泉涌，下笔千言。

在不写作的时候，我尽量早早躺在床上，维持一名养生人士的体面。

但很遗憾，虽然我极力避免，失眠却伴随了我很多年。

想早睡的心一向迫切，能早睡的日子屈指可数。

人在失眠时总会陷入思考，与生俱来的善感和长期写作养成的敏锐，又使我的内心隐藏着许多不足为外人道的伤痕，我在20多岁的时候，经常深夜痛哭。

每次痛哭之后，第二天醒来，理智归位，很懊恼，很自责。一来眼睛哭肿了，不好看；二来回头想想，都是些不足挂齿的矫情和杞人忧天的担心。

于是，暗下决心：以后再也不能这样，必须好好睡觉，好好生活。

生活滚滚向前，转眼来到了30岁，我是否更加成熟理性，不再失眠，不再痛哭？

答案是，并没有。

深夜痛哭仍是常态，不同的是，我的精力不再如20岁充沛，哭个通宵，第二天根本无力起床……

此时要担心的，已不再是双眼红肿，而是四肢无力，瘫软在床。

《环球人物》杂志一期访谈节目里曾说：**“没有深夜痛哭过的人，不足以谈人生。”**

我更年轻时，一度深以为然。

02 痛哭似乎轻而易举，实际上却万分艰难

最近一次深夜痛哭，是为一个不相干、不值得、素未谋面的女人。

当时有一名对我有好感的男孩，他的妈妈毫不掩饰对我“离异女性”身份的轻蔑、嫌恶，誓死捍卫家族颜面，决不允许“再婚人士”入侵血统，于是出言吐语不留情面，刀刀见血。

虽时隔已久，每每午夜梦回，还是感到一阵世事的寒风狠狠吹痛了我的自尊心……

我从小在众星捧月中长大，没听过难听话。

乖巧、伶俐，也算有点才华。在幼儿园时，是老师捧在手心的“洋娃娃”；读书时，收一摞摞字句稚嫩清澈的“情书”；到了适婚年龄，还有不少来我们家“求

亲”的叔叔阿姨，其中不乏达官显贵。

还有人说，我“命带桃花，不愁婚嫁”，谁能想到，有朝一日，竟被如此“厌之如敝屣”。

他们家并非豪门贵族，只是一个三线小城的普通家庭，男生的自身条件亦远低于我。

尽管如此，“当家主母”仍高高在上，坚决阻挠我这个“二婚女人”，“妄图高攀”她的单身近三十年的“初婚儿子”。

为这事，我没少难过。

遭人白眼，受人非议，倒也罢了，我心里有一种更深的悲哀。

大清朝灭亡了百余年，女性解放、女性独立的口号也提出了几十年，到头来，挑拣、审视、压榨、苛责女性的，居然还是女性。

十分讽刺，却也真实。

作为女性，她们或许也渴望平权、独立，甚至愿意“girls help girls”（女性互助）；但若是给儿子婚配，最好是选顶传统的女性，身家清白，做小伏低，为家庭燃烧自己。

可惜儿子“涉世未深”，于是为儿子挑选“血统纯净”的好女人，她们责无旁贷。

古有诗人陆游的母亲，因新妇唐婉过门一年，未能生育，又与陆游感情甚笃，担心影响陆游仕途，将儿媳赶出门去；今有男明星的妈妈在真人秀里说“女人就应该做贤妻良母，嫁进我们家门，就要做好这个角色”……

某些女性习惯了用贞节牌坊衡量他人，便使这牌坊从未真正倒下。

实在可悲。

我不再相信“深夜痛哭才足以谈人生”，因为有些苦难，甚至令人哭不出来。

诗人北岛翻译过一首丹麦的短诗《在旷野上》，其中一句是：**“痛哭似乎轻而易举，实际上却万分艰难。”**

03 再婚困境：婆婆的审视

最近在追一部恋爱综艺节目，气质典雅的女嘉宾，结束了一段十一年的婚姻。她温柔而坚定地说：“我还是期待一个完整、美好的婚姻，我不谈小情小爱。”

我猜想，她虽然经历了婚姻的破碎，但大约没有走到不顾体面、对簿公堂的那一步，才会对婚姻仍有美好憧憬。

我曾对朋友说，凡是能拿到离婚证的两个人，都还残存着一点幸福。

离婚证，只有协议离婚才能拿到，是两个成年人协商一致，为分开做出的决定。

我没有离婚证，只有法院判决书。我的财产分割，是经过法官二次审理，才判给我的。前夫家族的计划是设计陷害，逼我净身出户。

我本就是没有再婚期待的人，对于婚姻，我已如惊弓之鸟。

遇见这样轻视我、羞辱我的男生妈妈，我自当远离，以保平安。

但一定还有很多离异女性，她们像综艺节目里这位女嘉宾一样，依然渴望婚姻，渴望再遇良人，白首余生。

可是，这些女性会否面临一种困境：“准婆婆”万般诋毁、誓死阻拦？

我们当然可以选择换人，我相信，一定会有通情达理的女性长辈，她们虽生了儿子，却依然体谅年轻女性摆脱一段婚姻的苦楚与不易，依然尊重离异女性作为个体本身的价值，依然站在儿子这一边，欣赏儿子的判断与选择。

但这样的女性长辈又有多少？我们心知肚明。

离异女性受歧视不是我认为最不幸的，更不幸的是那些陷入婚姻泥潭的女性。因为害怕将来再婚时受到挑拣、鄙夷而不敢离婚，苦苦维系一段已经枯萎的关系，生生掐断了自己人生后半程幸福的可能，这才更可怜。

有位女性作家曾说：**“女性在学会如何获得之前，就先学会了如何妥协。”**

而使我们妥协的压力竟来自本应互相理解、抱团取暖、争取平权的同胞姐妹。

实在残忍。

众所周知，有相当一部分中国男性的择偶标准，一定程度上受限于自己的母亲。

我的发小过年来我家玩，看见我家的大合照，迷上了我的一个远房表姐。但我姐岁数比他大，他说："我自己是接受姐弟恋的，但我妈不一定同意，她对姐弟恋的接受度很低。我大二时候和一个学姐处对象，我妈当时就说年纪不合适，后来因为种种原因吧，也就散了。"

我说："那趁早打消念头，你万事听妈妈的话，别到最后搞得大家都尴尬。"

嫌弃女生年龄大的，不是男生，是"妈妈"。

我另一个表姐，嫁给姐夫的时候已经31岁了，两人结婚十几年，感情很好，都很珍惜这"虽迟但到"的良缘，但姐夫的妈妈当年嫌弃我姐是"大龄剩女"，始终对她没有好感，时至今日也暗含不屑，极少往来。

不客气地说，那些满脑子封建迂腐思想的"恶婆婆"（善良正直的好婆婆请勿对号入座），无异于已经跳出女性队伍。

离队之后，她们开始转过头来对着女性队伍指指点点。

为了让自己儿子的利益最大化，不惜碾压同胞女性，不允许她们更独立、更自由、更有话语权。

04 哭几次，就好了

《我的身体主义》这本书里说："女性的不开心、不快乐、不满足，我们的身体都知道。**我们女性大多时候关照别人多过关照自己。"**

当我又一次深夜痛哭之后，第二天醒来，我第一次没有责备自己。

我开始觉得，这或许是我的一种宣泄途径。

每一次痛哭，都是对一种感受的确认，对一个苦难的释放。

我在用这种方式，和自己的内心产生联结，与我的内在对话，去厘清到底是哪些人、哪些事伤害了我，带给我怎样的感受，引发我怎样的思考。

我曾经责怪自己：为什么总会因为同一件事，反反复复地回想，然后痛苦、执着、过不去。

我妈对此有一个不雅但形象的比喻，她说就像口袋里被恶人装了一坨屎，我非但不赶紧扔掉，还总拿出来闻一闻……

我想，我不是永远理智的机器，我有自己的敏感和脆弱，有自己一时翻不过去的那座山，但我允许自己多停留一会儿，我给自己更多时间，慢慢来，一点一点往前走。

我相信，没有白走的路，也没有白流的泪水，每一步都是在向前。因为每哭一次，我都从令我痛苦的事件里，走出来一小步；把自己从情绪的泥潭里，拔出来一点点，我为自己感到骄傲。

做不到一步到位也没关系，拿大好青春交学费也没问题，脆弱、纠结、难过、大哭一场都可以。

想不开，过不去，放不下，这些心理都正常。

回想我 20 岁时痛哭的原因，那时带给我伤痛的人并没有消失，也不曾道歉，但我真的原谅了。

我再也不会为他流泪了。

总有一天，再想起这位深深刺痛我的“当家主母”，我也会释然，甚至淡忘——本是过客，不必驻足。

但此刻，我很受伤，我允许自己停在这个情绪里，哭几次，就好了。

如果不允许自己哭，这个难过的情绪就会困在我身体里，出不去，反而容易生病。

大哭一场之后，身体已经很辛苦了，如果再自责，那就是二次伤害。

世事薄寒，我们应该更爱自己，而不是总在伤害自己。

最后，分享我喜欢的一名情感博主的话：“没有思想的人不是不痛苦，而是对所承受的痛苦无法指认，甚至不能说出痛苦的名字，只能愚昧地匍匐在地。人一定是越清醒越幸福。”

在一次次痛哭、追问、思考中，我越来越清醒，越来越爱自己，也越来越靠近幸福。

人生像闯关，每一种选择都通向未知副本

01 杯子碰在一起，都是壮志凌云

我读研时，在班里有两个关系特别好的朋友，上课的时候形影不离，一起上下学，一起去食堂，也一起逃课；不上课时，隔三岔五地相约聚餐、逛街、去游乐园。

这两个朋友，一个是江苏人，简称大 L。大 L 在北京念了大学，又当了两年兵，退伍后留在北京，准备扎根首都，建设首都。

另一个是北京人，简称老 T。老 T 自小在胡同里长

大，能侃会玩，大学毕业考上了公务员，是我们在北京的“活地图”和“娘家人”。

大 L 有一个谈了七年的异地恋女友，在南京一家国企上班，不太忙，经常来找他，我们陪吃陪玩，尽地主之谊。

老 T 的女友是高中同学，在一起已经十年，做外贸，常年当“空中飞人”，年薪七位数，虽然都在北京，我们聚会却鲜少露面。

我们仨是同龄人，那时都 25 岁，还很年轻，对未来也有许多梦幻的期待。

中国科学院大学的开学典礼有独特的传统——拉歌，也就是各专业的学生代表上台，献唱一首“红歌”，台下本专业的同学跟唱，比比看哪个专业同学的歌声洪亮……

虽然幼稚，却是学生时代独有的记忆。

6000 多名博士、9000 多名硕士、300 多名本科生和

400多名留学生，一起聚在偌大的操场上，一场开学典礼，万人飙歌，参与感十足，典礼结束时大家都累得不轻。

在学校食堂，我们畅聊“对读研生活，有什么期待”。

杯子碰在一起，都是壮志凌云。

大L打算研究生毕业后，找一个能落户的工作，把户口安顿在北京，再买套房，把女朋友从南京接过来，正式开启“北漂”的幸福小日子。

老T说：“我和我女朋友在一起太多年了，工作也都很稳定，两边的家长都处成朋友了，今年年底就去扯证。”

我呢，就希望研究生顺利毕业，找一个情投意合的男朋友，在出版社岁月静好，与世无争，过一种简单平静的人生。

我们谁都不贪心，只想要看得见、摸得着的现世安稳。

02 走向成熟，也走向破碎

开学典礼往后五年，我们从挥斥方遒的意气书生走向而立、走向成熟，也走向破碎。

首先崩盘的，是老 T。

这个平时在群里话最密，插科打诨绝少不了，最浑不吝、没正形的顽主，突然失联了。

不接电话，也不来上课，杳无音信。

终于，在他家楼下的一家小酒馆里，我们找到他。当时他烂醉如泥，整个人都很颓丧。

十年感情，遭遇断崖式分手。

原因是女友公司有外派项目，要去沙特阿拉伯常驻五年，女友从头到尾没有和他商量一句，第一时间报名，直到公司总部发了公派文件，她才“通知”他。

但是她说，可以先领证，再外派。

“那如果结婚了，你可以接受异国吗？”我们问他。

“我们打小就生活在北京，以前房价没这么贵，家里早早准备了婚房，没贷款，想着今年底要结婚，我就跟她商量，趁结婚前把房本加上她名字，这样就不算我的个人婚前财产了。没想到她死活不同意，后来我才知道，她今年8月份时自己买了套房。”他语气里有一种戏谑，略过我，看向大L：“你明白吗？”

“明白，她没那么想和你绑定在一起，希望你俩的婚前财产各论各的。”

我在爱情方面心思简单，也一直没有稳定长久的亲密关系，多数时候只能旁观旁听。

老T接着说："我们俩认识这么多年了，我对她毫无保留，从不隐瞒，但她做什么决定我都是最后一个知道。买房、外派，没一个是小事，她宁可找闺密商量都不和我说，这段关系我看是走不下去了。没有信任、没有商议、没有理解，不像一个家，像各自完成单线任务，偶尔汇总一下近期战果的战友。"

"其实，也不算有原则性问题吧？"我试探地问。

我很敬佩两个年轻人能维持一段十年的感情。我们都清楚，从懵懂少年到职场中人，这中间有多少变数、诱惑、坎坷，任意一方稍有动摇就会松开彼此的手，一定需要很多的智慧、包容、真心才能跨过这些障碍。

从校服到婚纱，放弃远比坚持容易，不是每对年轻情侣都能走下来的，它非常珍贵。

甚至有时，你拒绝了全部的诱惑，对方却未必与你同心，对于情窦初开的少女而言，与其说识人很重要，不如说"能遇到一个好男生"的运气更重要。

这样珍贵的初恋，马上就要修成正果，现在放弃，难道不会有一些遗憾吗？

03 谁来熨平心里的褶皱

没想到，这个平日里总是嘻嘻哈哈，一向逗大家乐、好脾气的男生，在女友外派这件事上决不妥协。

老T说："我舍不得你，但如果你执意要去国外生活，说明你挺能舍得我，那我也不能强人所难。你要是去沙特，咱俩就散了，证也没必要领。"

若换了我，估计要心软，毕竟这个男生代表了她全部的青春，而且男生待她也是真的好。

"人家不像你这么恋爱脑，走了。"大L后来跟我说。

我问："如果深爱，为什么不能试试异国呢？哪怕真的试过，不行再分开呢？"

大 L 说：**“其实他们之前也有很多问题，那些小矛盾都是隐痛，把一段关系变得坑坑洼洼，两个人心里都有很多褶皱，遇到大事，迟早得散。”**

女生年轻貌美，又极有能力，虽然身边人都知道她名花有主，但仍有男人贼心不死，公开追求她，其中一个是她同事。

男同事的追求明目张胆，老 T 也知道，但一直稳坐家中，信任女友。

女友常年出差，有一回被派到南京，吃晚饭的时候，老 T 给她打电话，随口问：“你干吗呢？”

女友说：“我一个人在房间呢，这次来南京出差的就我一个。”

那天是两人在一起的纪念日，老 T 刚好在南京读的大学，本来是让老同学帮忙给女友送束花，没想到老同学们纷纷起哄，让他自己来，刚好和哥们儿聚聚。于是，他脑袋一热就飞了过去，在酒店外给女友打电话。

那时，他看见女友和“追求者”男同事坐在酒店大堂的沙发上，离得挺远，各自在玩手机，估计是叫了车一起去吃饭，在大堂等车来。

看电视剧时，我们总以为编剧安排了太多巧合，故意制造矛盾。殊不知，人生这个剧本才最擅长把所有巧合拼在一起，让人心碎。

老T拎箱子扭头就走，直到分手都没有告诉女友，他那天就在南京。

他说，我知道他俩之间肯定没什么，但她骗我也是事实。骗我可能是怕我担心、多想，我理解，但我心里硌硬。现在又要出国，五年都不知道能见几面，以我们彼此的信任程度，根本撑不住。

千里之堤，溃于蚁穴。谁都不知道，一段看似固若金汤的关系，内部是不是早已开始缓缓脱落、褪色。

那些心头的褶皱，谁能熨平呢？

04 一生两人，三餐四季

老 T 把女友送到机场，又和“准老丈人”喝了顿酒，从此就断了联系。

他醉生梦死了一段时间，渐渐恢复元气，只是不再像从前那样爱调侃、爱张罗，变得成熟稳重了不少。

但我们总觉得，**他心里从此缺了一块，这一生怕是补不上了。**

这厢还未消停，大 L 很快也面临抉择。

大 L 找工作比预想中顺利许多，还在读研一时已找到合适的公司，公司承诺半年内落户。

他开始看房，相中了一间西五环边上 89 平方米的小三居，精装修，拎包即住。

只等户口落听，买房合同一签，就“恭迎娘娘回宫”。

没想到，在南京的女朋友深得公司领导赏识，不仅成为编内正式员工，还获得了晋升。

于是，她对大 L 说，打算以后留宁发展，不来“北漂”了。

她是“江浙沪独生女”，父母原本就不想让她离家太远，在北京读完大学，马不停蹄地回了南京，现在工作安稳，仕途有望，当然不会轻易放弃。

可是，大 L 的工作前景也很好，在北京能落户的外地人凤毛麟角，他也想大展拳脚。

他经历过怎样激烈的思想斗争，我们无从得知，只知道最终，他决定辞职，放弃京户，回南京与女友团聚。

硕士毕业后，他毅然离开了北京。

两年后，我去南京出差，见到大 L，他刚办完婚礼，整个人洋溢着一种松弛、舒适和自在。

他说，这里的生活节奏没那么快，他们每晚都在公园里散步，周末就去露营，节假日还会去不同的城市旅行，过上了和“北漂”时完全不同的人生。

一生两人，三餐四季，安逸度日，乐得清闲。

只是大 L 的事业似乎没有从前顺利，还遇上了一次裁员，对工作，他不再侃侃而谈，反倒讳莫如深。

不过他说，**无论如何，工作总会有的，老婆可不一定，错过了，可能一生都遇不到这样深爱的人。**

05 风中闯一闯，追自己的光

大 L 和老 T，都是我要好的朋友，都是真诚、努力、呵护另一半的好男生。

他们曾遇见了非常相似的人生关卡，面对爱情这个难题，有人选择放手、成全，有人选择坚守、奔赴。

而我，想要坚持的人予我伤心，想要放弃的人赠我伤痕。

关于我的故事，我写在另一本书里——《你只是来体验生命的》。

五年，一千八百多天，于人生而言不算漫长，但一念之差，我们就走上了截然不同的道路。

开学典礼那一天，我们举杯畅想的人生，竟无一人实现。

五年后，我离开出版社，四海为家；大 L 回到南京，安居乐业；老 T 仍在北京，孑然一身。

人生这场闯关游戏，每一种选择都通向未知的副本。

有的轻松平淡，有的险象环生，有的喜忧参半，但无论怎么选，你都不可能知道另一条没选的路，到底是康庄大道还是荆棘密布。

我只愿你，在面对选择时，永远遵从内心，不犹豫，不后悔，也不回头。

风中闯一闯，追自己的光。

永志不忘，小姑娘。

我愿用我一切换你岁月长留

01 爷爷把奶奶的神采都带走了

爷爷去世以后，奶奶就变成了爷爷。

沉默寡言，没有波澜，常常呆坐着，或者睁着眼睛躺在床上，一天又一天。

以前爱烧菜、爱看书、爱讲故事的奶奶，如今不做任何事，不说一句话，静静地挨过生命最后的分秒，仿佛在等待死亡的降临。

有时我陪在她身边，问她：“奶奶您在想什么？”

奶奶说："想睡觉。"

我给她盖好被子，过了一会儿再进屋看她，发现她并没有睡着。

我没有经历过衰老，行将走到生命的尽头，老人在想什么，我一无所知，而她也不愿多说。

02 世间的苦啊，爱要离散雨要下

奶奶从前是雷厉风行的女性，家中长女，15 岁就离开家在外面打工赚钱，帮着父母养活三个弟弟妹妹。

后来嫁给我爷爷，爷爷是军官，生活终于安逸一点，可是战争结束，爷爷要回北方了。

奶奶跟着爷爷回到山西，水土不服、语言不通、远离亲友、人情不厚。

战争结束，爷爷又被派去军校读书，奶奶一个人带着两个孩子，在山西一个小城里教书。

公婆不喜欢这个听不懂方言的外地儿媳，与她疏远得很。

她是顶勤快的人，刚进门，给公公洗头巾。就是在人们印象中，黄土高坡的牧羊人围的头巾，白色、汗巾，在脑门上系个结。

公婆家里虽然不牧羊，开酒坊，但也是同样的装束。

黄土高原缺水，头巾常年不洗。奶奶力气大，使劲一搓，搓出两个洞。

公婆更加不悦。

年关时，学校放假，奶奶带着两个孩子，去村子里的公婆家过年。

公婆说，家里没有多余的屋子，他们只能返回学校宿舍。

爆竹声中一岁除，在阖家团圆夜，奶奶牵着大儿子，背着小儿子，冒着风雪往回走。

回去的路上，遇见田里有牛，误以为是狼，吓得不轻。

总算深一脚浅一脚地到了学校，看见门房大妈，她长吁一口气，落下两行泪。

她以前总说："等奶奶以后老了，没事儿做了，一定要把这一生吃的苦哦，给你好好讲讲，你帮奶奶写本书。"

那时，她有数不完的家务要做，没有一刻休息，大家都说奶奶有洁癖，但又都愿意让奶奶到家里做客，因为有奶奶在的地方，永远一尘不染，也永远有美味佳肴。

没想到，如今她真的没事做了，从黎明破晓坐到日头偏西，却再也没有了表达欲。

03 我的百草园

我从 10 岁起开始发表文章，登在报纸上的第一篇文章就是《奶奶家院子里的“绿”》。

和在城市高楼大厦里长大的小孩不同，我在奶奶家的小院里生活了四年，那是我童年的“百草园”。

西边的院墙上爬满了郁郁葱葱的爬山虎，盛夏时满目苍翠，一入秋，就变成满墙的酒红色。

淡粉、浅紫的牵牛花穿插其间，它们只在清晨开放，要是起晚了，就看不到了。

爷爷画国画很厉害，但我还小，画不了老虎、牡丹，爷爷让我从牵牛花画起。

于是我每天七点早早起床，搬一把小椅子，坐在牵牛花前，一边观察一边画。

日复一日地练习，画得有些眉目了，就能画动物。

我养过蟋蟀、鸭子、鹦鹉、青蛙、松鼠、蜗牛等许多小动物，有的是大人们从集市里买来的，有的是它们路过了小院，因而成为我童年的伙伴，每一个都拥有一幅我亲笔画下的“写真”。

厨房在院子东边，屋顶种着南瓜，开金黄色、毛茸茸的大花。

我看了书，知道植物结果要“人工授粉”，就拿着毛笔爬上房顶，在雄花的花蕊上用毛笔轻轻扫一扫，再涂到雌花上，过了一个月，果然结了一个小小的南瓜。

院子中央搭着一个葡萄架，蜿蜿蜒蜒地缠着葡萄藤，刚结的葡萄是青色，还很酸，爷爷爬上梯子给它们挨个套上小袋子，否则青葡萄会被前来偷吃的小鸟啄烂。等到葡萄成熟，就变成酽酽的紫色，但很可惜，它们依然很酸。我每吃一个，都龇牙咧嘴。

院子里还种着草莓，小时候我每天等啊等，等它们一点一点变红，在最红的时候，摘下来吃掉。

后来，我养了一只小松鼠，它总能在我采摘之前发现变红的草莓。有一天，我起个大早，跑去看心心念念的草莓，竟发现它正站在绿叶中间，抱着通红的大草莓，咬了一大口。

草莓几乎有半只松鼠那么大，它吃得满足，斜睨着怒气冲冲的我，眼神挑衅，就像我看的动画片《猫和老鼠》里的杰瑞。

一转眼，二十多年过去了，它们却那样鲜活、生动地活在我的记忆里。

每一只小动物，每一朵花，每一颗果实，都变成我童年百宝箱里的宝贝。它们不言不语，滋养了我的想象，化作一团率真的孩子气，成为我独特的创作源泉。

它们也变成了我性格底色里的快乐和逍遥，让我在成年人的世界里，更轻盈地接受变故与风雨。

我在奶奶家生活了那么多年，应该也不算“天使宝宝”。奶奶是泼辣的云南女人，数落起爷爷来，嘴下从不留情。

对我，却从没说过一句重话，只是夸我、护我、爱我。

那个梦中的乌托邦，是奶奶一点一点帮我搭好的。

风雨不侵，世事不扰，我很安全。

04 如果爱忘了

我在西班牙旅游时，发现街边的小店里摆着一种我非常熟悉的饮品，鲜艳的黄红配色，写着“Cola Cao”，那是我小时候，奶奶最爱给我买的一种饮料——高乐高。

我惊喜地打视频电话给奶奶，对她说：“您知道小时候您给我买的饮料，竟然是西班牙品牌吗？”

奶奶在屏幕那边，笑一笑，拖着长长的音调说：“哦！”

我不知道她有没有想起来，也不知道她能否听懂。

随着时间的推移，衰老一点一点迫近，老人和晚辈的沟通变得越来越难。

我一回国就去看她，但她大多数时候依然不说话。

我坐在她身边，哪怕不说话，她也很高兴。

有一天，她忽然问我："你今年多大了？"

小时候每年生日，奶奶都要给我做鱼吃。后来，离开奶奶家，每到生日，奶奶都会给我打电话。

不知道从哪一年开始，她不记得我的生日了。

如今，连我的年纪都不记得。

我说："今年30岁了。"

她很吃惊："我们宝宝都30岁了？"

最近几年，奶奶一直问我在哪里上班，问完又忘记，然后再问。

终于她说："想不想调回家来？"

我想，她大约是希望我一直在身边吧。

我对她说："看机会，有机会就回来。"

几年前，在我的婚礼上，我说了这样一段话。

我最想感谢我的奶奶，我从小是奶奶养大的，在我生命最初，给我无微不至的呵护。

奶奶会做最好吃的烧茄子和蒸水蛋，唱《我的祖国》比郭兰英都好听，十几年前就带着邻居老太太打朝鲜腰鼓。

但她现在老了，没法上台发言，甚至不记得以前的许多事。

时光时光慢些吧，不要再让你变老了，我愿用我一切，换你岁月长留。

从小家里人都说，我长得不像我爸妈，却像奶奶，性格也最像她。

我爷爷是南下干部，奶奶是云南人，她跋山涉水，远嫁山西。她这一生，泼辣、敢闯、雷厉风行。

长大以后，别人这样形容我，我很荣幸。

我和奶奶最像，我很荣幸。

奶奶坐在台下，潸然泪下。

那一天，她最疼爱的小孙女嫁人了，她很激动。

如今，我离婚已一年，她突然问我："找对象了没有？30 岁该找对象了。"

我的眼泪再也止不住，夺眶而出。

那些不愉快的，她忘了，是好的。

05 愿你长命百岁，哪怕忘了我是谁

妈妈说，以前我写的书，奶奶都要第一时间读一遍，突然有一天，她指着书上的名字，问我妈妈："李梦霁，是谁？这名字倒是耳熟得很。"

奶奶年轻时，对儿女最是无私，家里若有好吃的，永远省着给孩子们吃。

我在外地上大学，老干部局发了月饼，奶奶一直给我留着，直到我过年回家，一打开都发霉了。

发霉了也舍不得让我丢掉，我说对身体不好，她就一个人都偷偷吃了。

下次发了东西，还给我留。

爸妈给她买的新衣服，她从来舍不得穿，整整齐齐

地收在衣柜里，一件老毛衣穿到掉色、起球、开线，也还在穿。

但过年给我压岁钱，每次都是两三万元。

老一辈人对待子女、孙辈，是一种生命深处的燃烧。

可没想到，奶奶现在老了，快90岁，整个人都很淡漠。

再有好吃的，她也想不起来分给我们。

我常在想，老去为什么会使一个人的性格发生翻天覆地的改变？

大夏天，爸爸在厨房汗流浃背地做饭，六菜一汤，终于大功告成，走出厨房，但奶奶已经吃完了她的那一份，默默离开了餐桌，和她最亲的小儿子一句话都不说。

爸爸在电视台上班，有时熬夜工作，白天补觉，奶奶就在客厅里摔一些小零碎，有时是手串，有时是梳子，故意制造点噪声，让我爸起床。

人生于我，有很多难解之谜。

但对于奶奶，我想，即便有一天她忘了我，甚至忘了爱我，只要她还能和我们坐在一张桌子上吃饭，还能坐在我的小屋里晒太阳，她还在这人间，我就知足，我就高兴。

我希望她长命百岁，哪怕忘了我是谁。

人的一生中，最光辉的一天并非功成名就的那天，而是从悲叹与绝望中产生对人生的挑战，以勇敢迈向意志的那天。

——居斯塔夫·福楼拜

Part 2

勇敢的人不逃避

直面过去，

是为了走向未来

打不赢的拖延症

01 不自信的男孩

我环游世界抵达摩洛哥时，有一个在利雅得生活的朋友听说我来摩洛哥旅游，自己刚好有时间，也很向往摩洛哥，就飞过来与我结伴。

他比我小一岁，是“95 后”，在国内有房有车，本科在欧洲留学，毕业后开始做外贸生意，每年有半年时间待在国外，半年回国生活，收入可观，生活无忧。

我对他的生活方式羡慕不已，但他似乎对自己拥有的东西毫不在意，向来是一副不太自信的模样。

像他这样年纪轻轻已小有成就，还能把自己照顾得很好，却缺乏应有的自信，我有点不解。

经过几天旅途中的相处，我才终于认清他的“庐山真面目”。

旅行的前几天，我们待在卡萨布兰卡，我很喜欢的一部电影也叫《卡萨布兰卡》，又名《北非谍影》，讲述了在这座城市里发生的爱情故事。

“二战”爆发后，欧洲人为了躲避纳粹，纷纷逃往美国，位于非洲北部的卡萨布兰卡成为重要的中转站。这里有一间酒吧，老板手握通往美国的通行证，一对夫妇为了拿到通行证来到酒吧，未承想这个妻子恰是老板失散多年的前女友。最终，两人当初的误会解开，酒吧老板目送着心爱的女人奔向自由。

我在第一本书《一生欠安》的序言里，这样写道：

少时迷恋宿命般的相逢。

电影《卡萨布兰卡》里说：“这城市有那么多间酒吧，你却偏偏走进我这一间。”

而这城市里，有那么多家书店，书店里有那么多书，你却偏偏翻开我这一本。

得之，我幸。

十年后，我终于站在卡萨布兰卡，这里是我的“作家梦”最初开始的地方。

在海上清真寺，看来自大西洋的湛蓝海水，拍打着青顶洁白的阿拉伯建筑，听缥缈的诵经祷文不时传来。

我潸然泪下。

儿时的梦想，只要你一直记得，一直坚持，总会实现。

02 误火车

待了几天，我们决定从卡萨布兰卡出发，坐火车去摩洛哥的另一座城市——马拉喀什。

朋友专门订了火车站旁的酒店，我在市中心住民宿。

他说："对我这样的拖延症患者来说，误飞机、误火车都是常事，我必须住在附近，无限确保自己能按时赶来。车票很充裕，明早我过来再买，你吃完早饭慢慢来。"

我以为他在说笑。没想到第二天，我在火车站检票口，苦等半小时，终于看见他拖着两个大行李箱飞奔而来，此刻距离发车仅有三分钟。

他甚至来不及停下和我说话，冲向售票处时同时朝我大喊："我还没买票！"

站台简陋，穿过检票口，无须上下楼梯，往前直走十米就是火车。没有电子闸机，检票口站着一名穿制服的阿拉伯大哥，人工检票后放行。

于是我站在十米外，眼睁睁地望着火车徐徐开动，车尾缓缓离我而去，朋友垂头丧气地走来，说："只能等下一班了，要一个小时以后。"

按原计划，10:50 发车也不算早，如今只能 11:50 再离开了。

车站没有专门的候车座椅，于是我们坐在站外广场上，晒太阳。

前来搭讪拉客的出租车司机络绎不绝，还有乞讨的小孩围着我们，吵吵嚷嚷地喊“请给我 1 迪拉姆（当地货币）”。

我在非洲住了一个月，摩洛哥、埃及都是如此，路过的每个小孩都会向你伸手要钱，每名“司机”（无论是马车夫、骆驼客、汽车司机）都会缠着你，让你骑马、骑骆驼、坐马车、坐轿车。

若你答：“No，thanks.（不必了，谢谢。）”

他们还会惊讶地问：“Why not?（为什么不呢？）”

心烦意乱间，朋友低叹：“都怪我，只能坐在这里被吵一个小时。”

“没关系，旅途中的意外太多了，在卡萨布兰卡晒晒太阳，也是不可多得的人生体验。”我尽管不悦，但还是心平气和地安慰他。既然已经耽误了时间，若再置气，就是双倍折磨了。

“我真的要被自己的拖延症气死了。小时候，拖着不写寒假作业，所以开学的前一天，永远在通宵补作业；在国外读书，不到考前一天就学不进去，临阵磨枪熬大夜，考试周一过必生病；有几科挂了，也想发愤图强，一开学就努力补，结果又磨磨蹭蹭拖到了补考前；上了班，不到最后一刻活就干不了一点；遇到西方节日，想给外国客户送祝福，拖着拖着就错过了当天；赶火车、赶飞机，明知提前几分钟就能从从容容，永远要等到最后一刻，着急忙慌、屁滚尿流，还总误机、误车。”

这些都是很小的事，相较他的成绩，不过是很细微的“失败”，甚至都算不上失败，却让他那样无助、沮丧，对自己充满失望。

我忽然理解了他的不自信。

即便拥有优渥的物质基础、体面的学历和工作，在光鲜亮丽的外表下，在不为人知的地方，他一次又一次败给自己的弱点。

每一次被拖延症战胜的时刻，他都觉得自己很差劲。

打不赢的拖延症，你也有吗？

03 “资深”拖延症

我很小的时候，可谓是“磨蹭界”“拖延界”的代言人。

我是2000年入学的小学生，彼时没有“鸡娃”盛行、“卷王”遍野，我也不在重点小学，小伙伴之间还是拥有美好童年的。

但我从来没有零点前睡过觉。

一个小学生，放学就回家，却每天写作业到凌晨，在当时绝对是个案。

作业不多，但我一到书桌前，就仿佛发现了铅笔的奥秘，玩笔先玩半个小时……

反正是不干正事，玩笔、玩橡皮、画小人儿、练签名，一不留神就零点。

我妈当时很发愁，买了许多书，书名大致有《写作业慢怎么办》《如何帮孩子戒掉磨蹭的毛病》《孩子不拖拉，妈妈有方法》……

至于哪些方法能戒拖延，我已经忘了，但我记得书里说，“要培养孩子的创造力，就用左手刷牙”，于是我经常尝试，搞得满脸泡沫；“餐桌上的座位不要一成不变”，所以我经常和爸妈换座位，家里吃饭的座次变幻莫测。

我是从哪一天起，真正打败了拖延症呢？

大概是高二文理分科时，我发现再不好好学习，真的没有大学可读了，又萌生了些年少气盛的情愫，于是痛定思痛，摇身一变，成为雷厉风行的女子。

我写过一段话：

起床可以赖一小时，读书可以拖一星期，减肥可以推迟一年，戒烟决心已下了十年。

攒钱总是下个月再开始，脱发却控制不住熬夜刷微博，拖到 DDL（截止日期）最后一刻才开始工作……

一生的路很长，关键处只有几步，而在这关键几步，人生不会多出一秒，等待习惯了拖延的你。

从 2000 年读小学到 2010 年读高二，我拖延了整整十年。

作为一名“资深”拖延症患者，从戒掉拖延的那一刻起，我才真正成为一个自信勇敢的人。

因为我知道，我能战胜自己，就能战胜一切。

04 杰出校友

以前，我以为一个人拥有自信，敢为自己的人生做决定，敢于与众不同地追求喜欢的生活，多是因为做成了一些事。

后来我发现，其实不是做成了什么事，让我们相信自己，而是战胜了自己，战胜那些先天的、人性的弱点，才让我们更自信。

我有个高中同学，高中时从邻市来省城借读，学习成绩一般，高考只考到一所三本院校，但他大学一毕业就进了互联网大厂，当时的收入是我两倍有余，现在是知名新能源车企的运营总监，精准踩中每一个时代的风口，荣膺我们高中的“杰出校友”，也是大家口中“混得好”的佼佼者。

我们都在北京的那段时间，经常聚，他得知我读了研，立刻问我报考条件、如何报名、上什么辅导班，那时许多人找我咨询，大多问问就作罢，毕竟工作已经很忙了，再读研，很多人只能望洋兴叹。

只有他，当天就让我把辅导班老师的名片推给他，第二天就报了名。

大厂工作节奏快，他常年加班，周末都是“大小周”，没有双休，他硬生生挤出大半年的时间学习，最终一次上岸。三年后，拿到“211”“双一流”高校的硕士学历，顺利跳槽到知名车企。

那是我第一次，近距离了解他成功的原因——执行力。

他说：“我脑子没那么好使，情商也不算很高，但我想做的事会立刻动手，因为我担心很多事一拖，就再也不会去做了。”

我相信，**在人均拖延症的当下，高执行力足以让一个普通男孩脱颖而出。**

但我更相信，是他克服了一些与生俱来的缺点，让他成为更好的人。

这些缺点可能是胆小、懒惰、粗心、磨蹭……无论是什么，当你战胜自己的那一刻，才是真正的勇敢，而这种勇气也会陪伴你一生，让你相信自己还不错。

05 请为自己做出 5% 的改变

旅途仓促，我没来得及和朋友展开详聊，旅行结束后，我给朋友发了一封邮件。

在我们眼里，你已经是很优秀的男生了。没人知道你有拖延症，看起来它到目前为止也没有耽误你太多的人生进度，所以如果你维持原状，也完全没问题，你可以允许自己有这么一个小缺点。

如果你当真被拖延症困扰，甚至因为这个小缺点不相信自己是很好的人，或许真的应该为了让自己满意而做出一点改变。

心理学家李松蔚老师有一本书叫《5%的改变》，推荐你读。维持了二十多年的习惯，改变太难，那么可以从改变5%开始，比如，下次赶火车提前到三分钟，只是三分钟而已，你仍有漫长的“可拖延空间”。但当你做到了这5%，战胜了5%的拖延，你一定会生出一些信心——真正相信自己有能力成为一个不错的人，而不是在别人眼里是否成功。这是你对自己的评判，别人说了不算。

《心理学的100个基本》里说，拖延是一种应对恐惧的防护机制。或许下一次拖延症来临的时候，你可以冷静地想一想，你到底在害怕什么。从“完美主义心态”调整为“成长心态”，对你来说，完成比完美更重要。

我小时候也是个磨磨叽叽的小孩，我能理解你的无力。别人以为我们磨蹭、拖拉是因为做一些七七八八的杂事儿很有趣，才耽误了正事；但奇怪的是，有拖延症的人并不会因为拖延而开心，反而在做杂事儿的时候也惦记着正事，就像计算机后台程序一直运行，哪件都做不好。而赶着最后一刻完成也失去了一切成就感，最终只有松了一口气的疲惫。人如果一遍遍地被自己的缺点打倒在地，心里或多或少会有点厌恶自己。

我一直觉得，我们终其一生，只是为了过一种让自己满意的人生。

如果现在的你不能让自己满意，那或许可以尝试做出5%的调整，反正已经在谷底了，往前的每一步都是向上。实在不行，你的谷底也已经是很多人的山顶了。试过，发现就是做不到，那你也能放过自己了吧。

何况以你的天资和实力，真正想做出改变的话，是不会做不到的。

期待你的好消息，也期待下次一起旅行！

星河滚烫，来日方长

01 花一开满就相爱

那年春天，杏花烟雨江南，他坐在我身边。

机缘巧合，我们在同一天来到校辩论队面试，被分到同一组，辩位相邻，我一辩，他二辩。

赛前讨论时，我对他印象不深，只是听口音感觉很亲切。

二十分钟仓促准备，四人毅然决然地上场。

我对辩论有一种与生俱来的自信，辩论场上，唇枪舌剑，寸土不让。

到了自由辩论环节，我突然发现自己说了太多，忽视了队友的存在，于是大手一挥，霸气地对身旁的男生说：“你上！”

他站起来质询对方，所言完全合乎我意。

短短几分钟内，对我的立论精准把握，素昧平生却能配合默契，我对他刮目相看。

那场比赛我们以大比分胜出，赢得漂亮，四人都被选入校辩论队。

很久之后，他对我说，**不管你在哪里，该遇见的总要遇见，该发生的总会发生。**

在江南的吴侬软语里浸泡久了，偶遇一个东北口音的男孩，有一种他乡遇故知的喜悦。

回到宿舍，我改了微信的个性签名：**花一开满就相爱。**

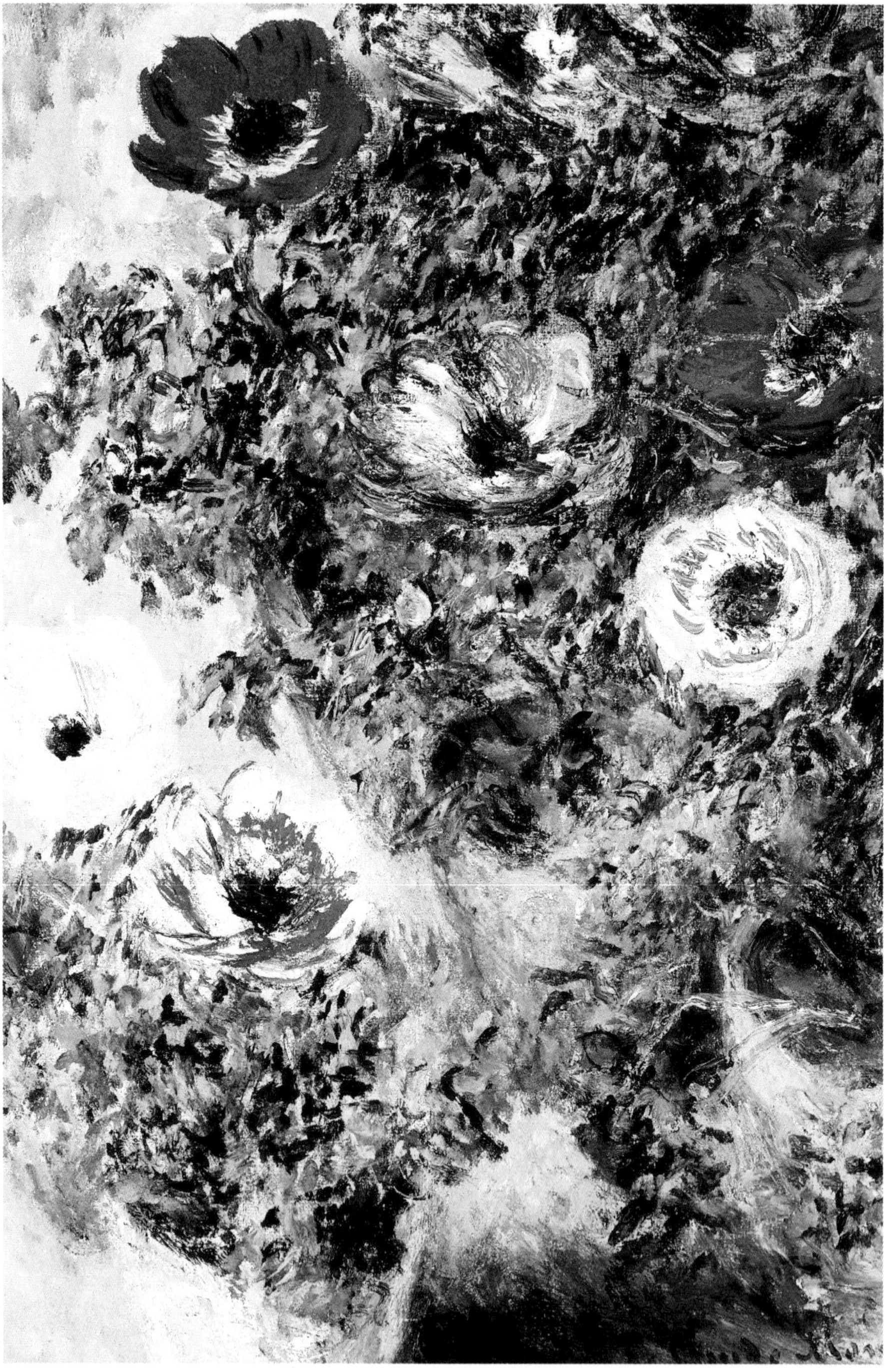

02 倾国倾城

因为没有留下联系方式，那日一别，长长的一段时光里，彼此杳无音信。

时间久到我几乎要忘记那次相遇。

后来，我去校外参赛，赛前发了一条微博，而后竟在观众席看到他前来助阵的身影。

微笑着打过招呼，当晚，我收到一条微博私信：“我过几天要去张家界实习，把你的地址发给我吧，给你寄一张明信片。”

他学地理，总能去不同的自然风景区考察山川地貌，于是我不断收到来自五湖四海、大好河山的明信片。

因为发地址，我们顺理成章地加了微信。只要他在学校，每次比赛他都会陪我去。我和队友紧张地备赛，他安静地坐在观众席上；有时帮我们打印辩稿，有时帮我们买饭；我们换正装上场，他就帮我们拎袋子，里面装着我们换下来的便装。

我们在不同的学院，但我们院队的聚会也总叫他，他是我们的外援。

比赛持续了一个多月，一场接一场，马不停蹄。有时赢，有时输，但那时的天气总是晴朗，阳光仿佛也有了记忆，很明媚，很温暖。

决赛我们输了，我不甘心，躲在赛场后排默默垂泪，拒绝上台领“团体第二名”和“最佳辩手”奖，他坐到我旁边，递纸巾，拍拍我的肩膀。

“你是最优秀的辩手，你一定能做成很多很多事，今天是这样，以后也一样。”他说。

妈妈来学校看我，看见我书桌上摆着他寄来的明信片，字很好看。

我是北方人，在南方念书，妈妈一直担心我外嫁，不想让我谈个南方的朋友。

看到他写的明信片，第一次松口，许我相处试试看。

后来，我想明白了，可能是因为他写的字，和我爸爸写的很像。

室友说，他这个字体，放在现代人里，当算“倾国倾城”。

03 温柔是看见，是体恤

考试周结束，我发了一条信息给他，告诉他校队今天下午聚会，问他是否同去，他没回复。

我很少主动联系他，因为我知道自己是敏感、内敛又悲观的女生，面对感情时总有一万个退却的时刻。

在等待中，我已对这段清浅的关系万念俱灰。

我只是不说，不代表我不难过。

考试周结束意味着马上就要放暑假，大家各回各家，度过一场悠长的分离。

下学期一开学，我就要出国了。

当晚，他给我打了好几通电话，我在淋浴房，没接到。

除了未接电话，还有一连串微信消息。

他说，因为实习，他们专业的考试周比我们晚一天结束，今天出门考试，手机落在宿舍，错过了回复我的消息。

他说，我这个人有点“马大哈”，经常忘带手机或是听不到手机震动，都怪我。你难得找我，很后悔今天忘带手机，能懂你的不开心。下次我不回信息，你直接当面骂我一顿，或者就想，那个“马大哈”又忘记带手机了，这样就能开心点，是不?

他还发了一条微博：“从此以后坚决不忘带手机，天地为证，室友监督，整顿从习惯开始。”特意艾特我和他的好哥们儿。

他是我见过最温柔的人。温柔不是不发脾气，因为不发脾气的人可能会采取另一种形式的回避和冷暴力。

温柔则是一种更高级的同情和体恤。

他能“看见”我，看见我天人交战的内心戏，理解我没说出口的为难和困窘，这并没有那么容易。

这世上有太多人，纵然站在他面前，你内心的山呼海啸，他毫不知情，他无动于衷。

04 至暗时刻

暑假结束，我回到学校，准备办理出国手续。

出国前一天，他问我行李收好没有，是否需要他帮忙买些日用品。

正好我的老师在那所学校做客座教授，知我要去交换一年，托我捎些东西，他就帮我买来。

在我宿舍楼下，他说：“你住顶楼，宿舍没有电梯，明天等我来，帮你提行李。”

尽管第二天要搭 12 个小时飞机，但那晚我们仍在微信里几乎彻夜长谈，不舍睡去。

他说，在国外如果有事，可以给他发微信，如果时差允许，他就陪我说话。

当时只觉得是客套话，不料，我一到国外，就度过了一段非常灰暗的时光，只有他的语音和文字陪我熬过黑夜的漫长。

道完晚安，他发微博："明天就要出国了，在外面注意身体，不许熬夜，在飞机上记得看看太阳是不是不落下去，别光顾着补觉了，哈哈。"

第二天，他送我到地铁站，把行李箱交到我手里时，眼里一闪而过某种伤感。

飞机上的 12 个小时里，半梦半醒间，我不断回忆起他的眼神，像转瞬即逝的流星，令人恍惚。

在国外，来自世界各地的交换生成为同学，一进教室，就迎来一场“摸底考试”。

只有我一个人是刚升入大学二年级的学生，来自中文系，其他大部分都是研一、研二的学长学姐，为数不多的几个本科生都是英语专业出身。我连卷子都看不懂，他们却已经早早交卷，和外国老师谈笑风生了。

答完题，我心灰意冷。

学校根据成绩分班，我被分在年级排名最末的一个“慢班”。即便在“慢班”，每堂课的大多数内容我也听不懂。

我发微博：“头一次觉得自己很差劲。”

他第一时间给我发微信，问明情况，他说：“学长学姐要么比你大，要么是专业出身，现在比你优秀是理所当然的，但我始终相信你可以超越他们。你要想，这一年，他们只能原地踏步，或是浅浅进步，而你一定会收获更多。我觉得，一个月，你的口语就能和他们不相上下；回国的时候，就能比他们还好一点，也许不止一点，那就要看他们付出多少努力了。”

语言不通，举目无亲，孤立无援，他的话给了我很大的支持和勇气，让我觉得自己还有希望。

他大约想不到，很多个夜晚，我都是听着他这段语音入睡的。

那一年，我很努力地学英语。

学校每天下午三点放学，同学们约着去海滩、去酒吧、去露营，我回到家则把课上听不懂的生词全部重学一遍。

许多人用交换生的机会旅游和交朋友，我却在异国艰难地求学，在寄宿家庭的地下室挑灯夜读，但我知道，那是有意义的。

我还年轻，以后有太多时间旅游和交友，但如果错过了当时的苦学和自救，我会永远在回忆里自卑地、灰扑扑地站着，我没有战胜过自己。

回国前，学校进行了一次交换生评比，我拿到了中国区口语第一名，奖品是一件学校的帽衫。

我把那张奖状拍照，发朋友圈：**“黑夜给了我黑色的眼睛，我却用它寻找光明。”**

我的成绩一直不错，在学生时代有过不少高光时刻，但为数不多的至暗时刻，都是他陪我度过的。

05 “I SEE YOU”

秋天，我终于回国。

我们相约去看萤火虫展，他捉到一只萤火虫，我们一起录视频，再一起放生。

他带我去市图书馆，我自幼喜欢看书，又学了中文专业，但他的阅读量让我自叹不如。

闲谈间发现，原来我们都学过十年琴，都是十级选手，高山流水，难觅知音。

志同道合的人，终究会穿过茫茫人海，遇见你，看到你，珍惜你。

潘多拉星球的人说：“I see you.（我眼里有你。）”

他要去很远的西北实习，让我陪他去超市买东西，买了很多零食，在我们宿舍楼下，又都送给了我，让我照顾好自己。

他出发前，我们一起吃饭，席间有淡淡的惜别之感。

我们好像总在道别，每一次相见都像在为分别做准备。

他说，当初送我出国，本应送我去机场的，但不想面对更真实的辞别场面，于是在地铁站就打道回府。可没想到，从地铁站回学校，短短一程，还是很难过。

他说，刚认识不久，他就知道我要代表学校出国交换，出国的时间很长，异国的情况也很复杂，所以许多话没来得及说。

他顿了顿，欲言又止，我却沉默。

我总是在不该沉默的时候保持沉默。

他说："看来你现在不想聊这个话题，那等我从西北回来，咱们再细说。现在就不要多想，明天好好升旗、好好上课。”

火车途经我的家乡时，他在微信语音里，给我唱《好久不见》。

“我来到你的城市，走过你来时的路，想象着没我的日子，你是怎样的孤独。你会不会忽然地出现，在街角的咖啡店……”

06 陌上花开缓缓归

我的沉默是因为纠结。

于是深夜发朋友圈：“睡不着，想不通，放不下。”

他问我，是不是有心事。当时是凌晨两点，从苏州到伊宁，他坐火车已经走了 37 个小时，还是硬座。

我说，你这两天总共只睡了两个小时，赶紧休息吧。

他说，我不困，我担心你。

我说，就在一周前，我在辩论队里最好的闺密告诉我，她喜欢一个校队的男生。

他没说话，我也没说话。

过了好一阵子，他说："你是不是想问我，假如你和你的朋友喜欢同一个人，该怎么办。"

我说："我没想问。"

他说："哈哈，那请容我自作多情地回答一下。你不能放弃友情，不然肯定会后悔的。"

我问："照你的意思，我应该放弃那个男生？"

他说："你要相信那个男生。"

我没再答，但我知道，我不会再为此失眠了。

末了，他说：“好好保重，每天这么熬夜怎么行。明天必须早睡，睡前找我汇报。”

“嗯。”

我又悄悄修改了个性签名：陌上花开，可缓缓归矣。

今夜月明人尽望，不知秋思落谁家。

星河滚烫，我们来日方长。

永远拥有说“不”的勇气

01 锦囊妙计

我常在想，父母能给孩子最好的教育是什么。

大学报到第一天，我爸妈送我去学校，3800 里路，36.5 个小时火车车程，走到校门口时，想到此后我就要一个人生活了，忽然泪如雨下。

爸妈离开学校时，一人送给我一句话，这是我 18 岁时收到的最好的人生礼物。

我爸说：**“面对不喜欢的人和事，要学会拒绝。”**

我妈说："任何困难都有解法，老话说'脖子上顶着头，不能是摆设'，遇到事情你一定要多想想，多动脑筋，找到解法，别被困难拖住、打败，最后认命。"

诸葛亮的三个锦囊妙计，让周瑜赔了夫人又折兵，我爸妈给我的"锦囊妙计"，让我平安顺遂地度过了人生的第三个十年。

日本作家太宰治有一句经典的名言："我的不幸，恰恰在于我缺乏拒绝的能力。我害怕一旦拒绝别人，便会在彼此心里留下永难愈合的裂痕。"

不善拒绝，是许多现代人的通病。

害怕对方不开心，害怕被讨厌，害怕关系破裂，但正如作家毕淑敏曾说："如果我们始终不拒绝，我们就不会伤害别人，但是我们伤害了一个跟自己更亲密的人，那就是我们自己。"

我印象很深的是，在大学，我闺密说："如果我能像你一样毫不犹豫地拒绝很多事就好了。"

她是很好的女孩子，室友找她帮忙带饭时，她会小跑着回屋，担心饭菜放凉；晚上在宿舍，大家共用她的视频网站 VIP 账号，有时因为同时在线的人太多，她被迫下线；宿舍的热水限时供应，她每天都赶在热水停供前最后一个洗漱……

诸如此类，不胜枚举。

你一定也见过这样的女孩，或者你本人，就是这样的女孩。

她在年级里是最受欢迎的“玲姐”，大家都很喜欢她，但是她很苦恼。

她说，吃完饭，我想在操场散步消食，但因为要给室友带饭，被迫早早回到宿舍；追剧追到一半，账号就被踢了，我也很无语；因为要让大家先洗漱，每天只能晚睡，早晨根本起不来。

不懂拒绝他人，于是一直伤害自己。

02 自动净化朋友圈

她向我求助，因为我似乎很容易拒绝别人的不合理请求，虽然比不上她的好人缘，但好像也没有因此成为孤岛。

我会在准备大学英语六级考试时，断然拒绝和闺密逛街；会在社团招新时，选择自己真正热爱的辩论队，拒绝参加不喜欢的社团，哪怕招新的学姐跟我是老熟人；面对“不来电”的男生，我也不会碍于情面，开始一段恋情。

不喜欢的事不做，尽管有时为了朋友会短暂地尝试一两回，但不会白白浪费很多时间。

能帮到的事竭尽全力，但帮不到的我会坦诚相告，不会为难自己。

拒绝是一种建设，我一直在学着建设自己的边界，久而久之，大家认同了我的个性，明白我本质就是一个界限清晰的人，便不会认为我的拒绝是恶意伤害。

关于拒绝，我有一些技巧，如果你是同伴中的“好好先生”“老好人”，可以一试。

其一，**把态度和行为分开。**

面对他人不合理或是让你感到为难的请求，在行为上坚决拒绝，但是态度保持平和，没有任何变化。

有人会在拒绝别人后，因为害怕对方生气而做出躲避对方、故意愤怒、极力讨好等姿态，都会使“拒绝”从一件小事升级到人与人之间的对抗，这样的拒绝伤人伤己，很有可能葬送一段关系。

我看过一部英剧，里面男主角的好朋友因为出轨离了婚，离婚后又想找男主角帮忙，让前妻回心转意。男主角狠狠地拒绝了他，明确地斥责他在过去的婚姻里“就是一个浑蛋”，只是因为寂寞才想复合，如果复合了，也只会再次伤害前妻。但第二天，两人又高高兴兴地看起了球赛。女主角感叹“男生的友谊真不可思议”。

除却男女思维差异，我想这也是关于“拒绝”的很好示范——行为上绝不妥协，但态度上一切如常，并没有因为拒绝对方而决裂。

被拒绝的那一方，起初或许有些不开心，但后来发觉，你对他的态度完全没有变化，你们依然是好朋友，自然会觉得是自己“想太多”，过几天也就接受了。

你的边界也就一点点建立起来了。

如果对方提出让你不悦的要求，还对你的拒绝耿耿于怀，那说明对方也没有真心拿你当朋友，这样的人少一个又何妨？

如果对方从此远离你，那是你朋友圈的“自动净化”，筛掉一个不希望你过得开心的假朋友，塞翁失马，焉知非福。

03 不是你不好，是我们的需求不匹配

其二，**尽可能地就事论事，把拒绝的原因“客观化”和“个体化”。**

如果对方的要求合理，通常是一些邀请，表达拒绝时尽可能地一事一议，集中在事情本身。

比如，上学时分组讨论，讨论成果直接和课程成绩

挂钩，有关系不错的同学邀请我加入，但我已提前组队，我会说：“因为我不擅长数据分析，某某在这方面很擅长，可以帮助我合力完成作业，所以我们提前组队了，下次有机会咱们再一起吧！”

拒绝的原因，我揽在自己身上，让对方觉得——**不是我不够好，而是我们的需求不匹配。**

等到再有分组作业时，我第一时间找到上次拒绝过的同学，信守承诺，履行我说过的“下次一定”。

其三，**拒绝宜早不宜迟**。

2018 年我去欧洲旅行前，本来和一个朋友约好了一起同行，但她其实没那么想去，又怕驳了我面子，就应承下来，等待合适的机会再婉拒我。

没想到，那时大家都刚毕业不久，工作忙，一拖就忘记了。

我这边办好签证，买好机票，只等出发，临行前一周，她才给我发深夜小作文，告诉我她曲折的心路历程。

最终，我独自来到举目无亲的欧洲，晃荡了几个月，其间智斗小偷，荒野迷路，上演各种“午夜惊魂”。

我把这些当成人生非常宝贵的体验，但假如时光倒流，我真的希望她能早一点告诉我她不想去，那我可能会约其他伙伴同去，或者换一些治安条件好、近处的国家独自旅行。

米兰其实是她想去，在她的“此生必去”清单上，而我对于“时尚”兴趣寥寥。

她的“不好意思开口”，最终间接地把我置于险境。当我一个人面对两个身强力壮的意大利小偷时，我心里怨过她“为什么不早说”。

其四，**拒绝对方后，一些小的“补偿行为”可以使关系更融洽。**

我有段时间开车上班，有同事想“蹭车”，我去接过她一次，万万没想到，从我家到她家，是全程最堵的一段路，结果两人双双迟到。若要不迟到，我每天必须早起至少 40 分钟，为了避免每天“魂飞魄散”地早起，我拒绝了她的“顺风车”请求。

平时在公司，我总会顺手分给她一些水果和零食；过年过节回老家，也不忘给她带点特产；在领导和客户面前，我永远帮着她说话。

虽然我拒绝过她，但我们仍是关系很不错的同事。

当然，职场有其复杂性，很多时候知人知面不知心，但能维系表面的和睦愉悦，没有令人心烦意乱的“办公室斗争”，我已知足。

去过一种经过审视的人生

01 保持思考，保持独立

哲学家叔本华说：“不会思考，比不会读书更可怕。”

书接上回，我永远记得，爸妈送我去大学，在大学门口的沙县小吃吃蒸饺，我妈说，以后就靠你自己了，遇事多动脑，别被困难拖住、打败，最后认命。

我妈送我的锦囊妙计，是永远保持思考的习惯。

因为这个习惯，我在面临许多人生困局时，都能想方设法脱困。

我喜欢校园，也喜欢讲课，口才尚可，原本的人生规划是从本科一路念到博士，然后成为一名大学老师。

不料，读大学时出了点事，学业难以为继，当时所有人都无计可施，觉得没有文凭，这辈子就只能做一些体力劳动的工作。

虽然劳动无差别，都很光荣，但与我从小的职业设想相去甚远。

20 岁，刚成年，还没有真正成熟，也没有迈入社会，对一个大学生而言，失去文凭是比天大的事，几乎可以说前程尽毁。

在那样的绝境里，我没有自暴自弃，也没有愿赌服输，尽管大四时已收到香港中文大学的硕士录取通知书，但因手续不齐，无法入学，我无心恋战，迅速转战职场。

大厂不好进，就先从小公司入门，不计报酬地工作、加班、学习，终于做出了一点成绩，一年后跳到行业头部大公司，又过了一年，跳槽进入央企，工资翻了几番。

在央企里，我的同事全是“海归”硕士，在“唯学历论”的环境里，我很另类，也很自卑。

于是，我业余拼命复习，以第一名的成绩考取中国科学院大学，顺利读研，终于拿到硕士学位证和毕业证。

学历这个坑，我终于以一己之力填平了。

我永远相信，人在面对自身困局时，总有办法依靠自己脱困。

关键是你有没有洞察、分析、思考的能力，判断局势，定位自己，然后找到妥善安放自己的位置。

02 世界正在惩罚不思考的人

刚认识我前夫时，他在一家小公司，做一份清闲的工作，钱少事少离家近，倒也安逸。

疫情之后，公司生存堪忧，举步维艰，逐渐显露出倒闭的迹象。

首先，公司从北京东二环搬到南五环以外，他原本骑车通勤，变成乘坐三趟地铁、再走 1500 米，单程通勤近两个小时，每天上下班要花去四个小时。

其次，公司开始严格考勤，迟到一次罚款 50 元。他每天早晨打仗一样慌慌张张去地铁站，偶尔还要被扣钱。

再次，公司降薪，以绩效考评为名，每个月降薪 20 %，但加班明显更加频繁了，甚至通宵达旦地加班也是常事。

其实公司没什么大业务，加班也是让大家填报表、做PPT、写总结，都是一些无意义的重复劳动。

与此同时，因为业绩不好，领导动辄发火，同事之间互相倾轧、推诿，每天在单位都要承受极大的情绪压力。

在这种情况下，我劝他考虑换一份工作，但他懒得花时间审视自己、重新做简历、分析行业，觉得换工作是一件需要动脑筋的麻烦事。

于是，宁可每天通勤四小时，做机械的工作，拿微薄的薪水，也不愿做出一点改变。

最终，在漫长的消耗中，他拿到了公司的裁员通知，还患上了抑郁症。

心理学有一个词叫“蚂蚁效应”。

一群蚂蚁去搬一块奶酪，人们以为，这群蚂蚁会团团围住这块奶酪，前面的蚂蚁向前拉，两侧和后面的蚂蚁向前推，最后齐心协力把它搬进洞里。

可动物学家发现，实际的情况往往是：前面的、两边的蚂蚁大多数在向前搬，而后面的蚂蚁因为看不到前面的情况，都在往后拽，还有一些爬在奶酪上的蚂蚁，只能徒增这块奶酪的重量。

它们怀着良好的愿望，却盲目地做着无用功，勤勤恳恳地拖后腿、帮倒忙。

没有深度思考，所有勤奋都是“白忙”。

别光低头赶路，也要抬头看路。方向错了，停下才是进步。

03 思考，是发出你自己的声音

我常说，人生的所有苦难，都有解法，都会过去。

只是很多人宁可吃生活的苦，也不愿意吃思考的苦，用战术上的勤奋掩盖战略上的懒惰。

我们生活在百年未有之大变局的时代，如果前人的老路走不通，不会思考，将寸步难行。

思考也不等同于获取信息，而是面对这个世界，有自己的价值判断和处世原则。

别人都说“不婚不育保平安”，你于是认同了“远离男人，不然会变得不幸”；短视频席卷而来，你也裸辞在家做博主；营销号劝年轻人及时行乐，你便“花光房子首付，环球旅行”。

或许，那些都是外界的声音，不是你的。

你真正喜欢什么，适合什么，未必是他人定义和推崇的。

有人喜欢单身贵族的生活，就一定有人享受做母亲的幸福；有人崇尚自由、讨厌“班味”，就一定有人热爱集体，渴望在职场中追寻价值；有人乐意在节假日开启“特种兵旅游”，就一定有人只想宅家刷剧——作家福克纳一生蜗居在“邮票般大小的故乡”，却也拿到了诺贝尔文学奖——这大千世界，未必非要看看不可。

关键是，你要过一种经过审视与思考的人生，而不只是“风口”上的人生。

思想，绝对不是在两个观点不同的营销号之间选择一个更顺耳的，而是从别人话里看到每一种观点背后的利益与博弈，从而生出第三种、最适用于你的观点。

当你习惯性地保持批判和思考，世界便不再喧哗，而是以一种更清澈的面目徐徐展开。

识人、观事也会更清醒、更透彻，迷茫、困顿、焦虑、无力自然会离你而去。

如果我会发光，就不必害怕黑暗。如果我自己是那么美好，那么一切恐惧就可以烟消云散。

——王小波

Part 3

勇敢的人躬身入局

别做人生的看客，
掌握命运主动权

成天为生计奔忙的人，想象力不会丰富

01 退一步，未必海阔天空

今天聊一个写作圈的“敏感”话题——稿费。

我去环游世界的那一年，刚出版了一本畅销书。签约公司对外宣称百万销量，业内人一查某卷数据（行业内查看监控销量的软件），都以为我挣了至少七位数，盆满钵满，远走高飞，去实现人生梦想了。

可现实是，直到我结束旅行，从迪拜回国，那本书到账的收益只有五位数。

签约公司老板说："我们都是按照合同来。"

合同是怎样的呢？

"按约定，每年底应与作者结算一次稿费。"

那老板强行解读："每年底结算，但没说结算到年底呀，所以12月发稿费，只发到当年6月，后面的稿费，明年12月再说。"

图书从当年4月底上市到6月，自是没有多少稿费。

而当年下半年的稿费直接拖欠12至18个月，还理直气壮，认为自己照章办事，正气凛然。

类比我们打工人和公司签的《劳动合同》，合同写每月底发放工资，到月底了，老板说："月底发，没说发到月底呀，只发半个月工资也没毛病，不违反合同约定的'月底发工资'。"

我之前在相关行业内民营、国有公司都工作过几年。稿费合同一般只约定结算时间，没有约定过具体结算到哪一天，但行有行规，约定俗成的条款竟被如此解读，令人大开眼界，叹为观止。

但当时我人在国外，心想他们也没说不结，只是拖延，只要明年按照实际销量结算就行。

退一步海阔天空吧。

后来，他们提出合作下一本书的意向，我想如果可以长期合作，那么前面这本的稿费肯定不会弄虚作假。

没想到，他们发来的合同竟然比第一本还苛刻。

一般合同的授权期限通常是 5 至 8 年，而他们对我下一本书的著作权居然要求“永久独占”。

我把“永久独占”删掉，改为“5 年”，又特意在“每年底结算一次稿费”后面补充了“结算当年全年的稿费”。

发过去一个月后，对方终于回复：“这种合同公司领导不会同意，你找其他地方出版吧。”

季羡林先生说：**“坏人同一切有毒的动植物一样，是并不知道自己是坏人的。”** 智慧的做法是远离，不与恶龙缠斗不是胆怯，而是不值。君子不立危墙之下，恢复自己的鸟语花香，才是人生最大的值得。

指望歹人从善是天方夜谭。

而试图通过追加投入促使其良心发现，不过是增加沉没成本，终是一场徒劳。

在一艘明知要沉的船上，你唯一能做的是及早跳海。

02 飞鸟尽，良弓藏；狡兔死，走狗烹

如今，纸质图书行业形势日渐式微，购买的人越来越少，在这样的市场环境下突出重围，出版一本畅销书，理应是合作各方皆大欢喜的事。

可后来，我才打听到，这家签约公司里和我那本书相关的工作人员——策划编辑、营销编辑、新媒体编辑等，全都离职了，可谓“一将功成万骨枯”“鸟尽弓藏，兔死狗烹”。

在这个时候，大获成功的原班人马悉数离场，大约是没有被善待、厚待吧。

面对我的追问，我的好朋友，也是那本书的策划编辑黯然地说：“可能是我没有赚钱的命。”

她没有过多抱怨和斥责，我也不知道他们之间发生

过什么争端，但一个人在职场打拼近十年，终于迎来职业生涯最丰硕的成果，却放弃一切出走，想必不会有多甘心。

只是大家都碍于同行情面罢了。

眼下，看似是将财富短暂地据为己有，但得道者多助，失道者寡助，失去了这些曾经帮助自己走向成功的人，往后还能如何成功？

这样杀鸡取卵、竭泽而渔的短视做法，能维持几时？

03 畅销书作家也被拖稿费

我以前做编辑时发生过一件事。

有位传记作者，也是我的朋友，稿费一直被拖欠。

原本我不负责他的书，后来负责他的编辑离职了，我才开始接手，但也只负责加印，有些他提出要改正的字句，我会帮他改正。

那是当时我们公司最畅销的一本书。

有一天，我突然好奇，这样畅销的图书，稿费一定不菲吧，怀着一颗八卦心，我登录稿费结算系统一看，这本书竟已两年没有结算过稿费了，拖欠了作者十几万！

负责他的编辑已经走了，如今他的书由我负责维护，补齐稿费，我义不容辞。

恰逢年底，这么一大笔稿费入账，他一定能过个好年。

他一直生活在农村，不算富裕，全职写作，没有其他收入。我当天就计算好了金额，高高兴兴地通知作者："XX 老师，年底啦，我走流程给您结算稿费哈，本周五前应该能到位。"

他压根没想过自己能拿到这么多稿费，像孩子一样兴奋："太好了，感谢李编辑，有双球鞋我一直想买，周五就买回家！"

除了写作，他最爱打球，帮他实现一个小小的心愿我很开心。

但部门负责人却迟迟不愿签字。

他的理由是，马上年底考核，我们部门今年只有这一本书盈利较丰，如果都发了稿费，成本就会反噬利润，部门报表就很难看了。

"我们已经拖欠稿费两年了，他平时没有工资，就指望写书挣点钱，这是他应得的呀。"我据理力争。

同为作者，我在做编辑时，总会生出一些惺惺相惜的理解和共情。

最终，我对部门负责人说，稿费明细我已截图发给作者了，并告知他本周五就能收到，不结算、少结算都不太可能了。

稿费终于还是支付了。那年年底，我没有拿到一分年终奖。

04 世事无常，兔死狐悲

后来，我不做编辑了，朋友圈里的许多作者也就渐行渐远，断了联系。

刚入行时，我发掘过一个小网红，当时他只是综艺节目里“镶边”的角色，但我很爱看那档综艺节目，觉得他有才华、网感好、专业精，将来成名有望，于是找他签约出书，也为他争取到了不菲的稿费。

网红不是文字工作者，难免语言功底不过关，行文逻辑也混乱，我于是通宵达旦地帮他改稿，成书以后，和原稿已经相去甚远，他非常满意，那本书的销量也不负众望。

那时，他对我十分尊敬，我想他大约也欣赏我作为编辑的为人和才华，是志同道合的伙伴。

不久，公司的几个编辑部门重组，原以为他会跟我去新的编室，继续合作，可他果断放弃了我，选择了规模更大、更有话语权的那个部门。

他的网红事业蒸蒸日上，又有畅销书傍身，市值远高于与我相识之初，他只是做出了最于己有利的决定，倒也“不应有恨”。

又过了一段时间，我给他发新年祝福，微信提示“对方开启了好友验证，你还不是他的好友”。

在职场摸爬滚打的这些年，青眼白眼没少见，过河拆桥、见异思迁、阳奉阴违也都司空见惯。

不做编辑后，此类事情越发常见。

某天，我想起那个传记作者，他从前每天都发朋友圈，但我似乎很久没看到他的动态了。

久未联系，我以为他也把我删除了。

当时恰好有事，我是过了几天才想起翻看他朋友圈的。

最近的一条朋友圈已是两年前发布，是一则讣告。

他竟然离世了！

不惑之年，急病早逝，屏幕这头，我不觉为之一恸。

不知那双他心仪已久的球鞋买到没有，穿了几时……

那条讣告再往前翻几条，是他侄子发的求助信息……

他是出版过几十本书、有畅销代表作、金句常常登上一些平台首页的作家，我在网上搜索他离世的信息，却没能搜到只言片语。

当年给他结算稿费后，我也从那家公司离了职，如今他的书仍在加印……

05 创作环境艰难若此

以上，是我从事编辑工作多年、写作多年，经历的关于稿费的一些波折。

当然，仍有许多图书公司愿意善待作者，我之前写的传记《这一生关于你的风景》，虽然销量普通，但每年都会按时收到图书公司的稿费明细，主动结算，根本不必催问。

我也听说过，有作者的书销量几百万册，图书公司却只结算了几十万册的稿费，扬言“没有我们高明的营销推广，他的书根本卖不了这么多”。言下之意，多出来的销量利润理应由公司所得。

已经功成名就的大作家毕竟少之又少，而本土原创的新人作者，因为名气小、不受重视，很多时候根本出不了书；辛辛苦苦写出畅销书，却又可能被压榨，甚至无法挣到足够糊口的钱。

科幻作家刘慈欣说，**成天为生计奔忙的人，想象力是不会丰富的。**

梦想，不过是一个痛快的决定

01 社会学系的女生

我上大学时，网上流传着这样一段话。

《致社会学系的女生》

爱憎分明的年纪，却被要求价值中立；
花痴帅哥的年纪，被迫研究“男同”历史；
最能花钱的年纪，学习批判消费主义；
本该体验生活的年纪，却被调查问卷压得喘不过气。

旅游时，要准备田野调查报告；

沮丧时，还得写《自杀论》的读书笔记；

终于摆脱高数的阴影，还得面对恐怖的社会统计；

被人称赞“高大上”，却永远要回答“什么是社会学”；

专业GPA3.9，还得考虑修读什么双学位才能解决就业问题；

导师说“社会学的春天就要来临”，我们已被埋葬在寒冷的冬天里。

出师未捷身先死，长使英雄泪满襟，我就是社会学系的女生。

也曾一边被调查问卷压得喘不过气，一边写《自杀论》的读书笔记；摆脱了高数的心理阴影，还要面对恐怖的社会统计；苦心孤诣修读双学位，最头疼的永远是回答“什么是社会学”的问题。

社会学曾是一个陌生而遥远的名词。我从未想过会进入社会学系；我也未曾想过会来到南国广州。一场高考，没有如愿以偿，全是阴差阳错。

一念起，万水千山；一念灭，沧海桑田。

小时候，我总觉得我们梦想、我们承诺、然后完成，即是一生。

殊不知，时光流转的背后，往往一刹，就已物是人非。

人生是一条河，一块石子、一蓬芦苇就会改变它的流向，没有人能在故事开始的时候就精准定位到终点的坐标。

但命运的迷人之处，不在于抵达终点，而在于沿途的奇景。

“85花”女明星结婚时说，得不到的就不重要。

我想这是她一生通透、一生清醒的最朴素表达。

得不到的，就不重要；所以怜取眼前人，眼前事是心头事。

02 爱我所选

我的专业是社会学的二级学科——社会工作。

简而言之，就是用专业知识和技能，尽己所能，帮助情景中的弱势群体，助人自助。

所以我们经常奔波于福利院、敬老院、乡村留守儿童服务站、遭受家暴妇女救助中心、边缘青少年救助站……

过去的我，偏执而狂傲，为人处世多棱角，再亲密的挚友，一旦触及自尊底线，立时变得尖锐，绝不低头。

笃信荀子“性恶论”，认为懒惰、无知、贪婪皆原罪，而我的专业却要求我们悦纳、尊重，拥有高度的同理心、相信人性。

专业伦理与个人价值观相悖，曾使我抗拒抵触，厌恶上学，选修课必逃，必修课选逃，如此度日。

但我遇到了很好的老师，他们欣赏我、帮助我、教我、护我、度我，当我跌落人生的悬崖时，始终没有放弃我。

我永生难忘。

在我经历了一点风雨之后，渐趋成熟，专业信仰日渐熏陶，我开始改变，变得面目平和，与人宽容，相信美好。

我开始学会觉察，觉察自我，也感知他人，自愈，也治愈。

我勇于面对，面对人性的阴暗面，把它摊在阳光下晾晒，让阳光从心底的裂缝照进来，疗愈才可能发生。

我开始喜欢我的专业，因为它，其实是我内心的缺失。

喜悦，是一种由内而外的绽放，从内心深处油然而生。而我们毕生所求，不过爱、喜悦与和平。

我不再纠结，不再苦恼，我终于做到了“爱我所选”。

钟情文学，所以我业余坚持写作，笔耕不辍；立志环游世界，所以我修读了英语双学位。

我四季奔忙，没有寒暑假，尽管辛苦，却依然渴望拥有一个滚烫的人生。

梦想，不过是一个痛快的决定。

因为我对这土地爱得深沉

01 你的专业，影响着你看世界的方式

谈到社会学，不得不提《乡土中国》。

《乡土中国》是社会学家费孝通对中国进行社会结构分析的尝试，是每一个研究学习社会学人的入门书籍。

常有读者找我聊天，让我答疑解惑。

我在看人、看事时，总喜欢放在一个更大的背景下观察和判断，而不会轻易地把许多特殊事件当作孤立的、意外发生的，所以我总问对方，你的家庭是怎样的，你

的成长环境是怎样的，你的圈子是怎样的。

我从未发现这是一种思维习惯和固有视角，直到看了一篇《请君重作醉歌行》。

妻子在对丈夫的控诉中，提到一句：“你们社会学家不是最喜欢凡事归咎于‘结构’吗？”

我恍然大悟，即便没有做学问、没有搞科研，但你的学科、你的背景、你的专业却不可避免地深深影响着你看待世界的方式。

如果你也想浅浅了解一下社会学，为自己或是为孩子选择专业做一点参考，又或者你对婚姻、家庭关系、男女平权问题有些兴趣，不妨往下读读，可作为文字版的“带你 5 分钟读完一本书”。

《乡土中国》有 14 篇，每篇有不同的主题。

第一篇《乡土本色》。“土”是泥土，乡下人依靠土地谋生，也在土地上定居。乡土不仅是固态的地点，更是一处感情的维系。

“我初次出国时，我的奶妈偷偷地把一包用红纸裹着的东西，塞在我箱子底下。后来，她又避了人和我说，假如水土不服，老是想家时，可以把红纸包裹的东西煮一点汤吃。这是一包灶上的泥土。”费老这样写道。

漂洋过海之后，忆及此语，感同身受。独在异乡，水土不服，中国人对土地的依恋，根深蒂固。然而，土地有其光荣历史，却也束缚着乡村人，让他们飞不上天。

02 谈古是为了论今

第二、三篇是《文字下乡》和《再论文字下乡》。从乡下人的“愚”（文盲）讲起，在乡下的“熟人社会”中，人际交往是面对面的亲密接触，根本不需要用文字隔空传递信息。因此，农村人不识字并不是“愚”；文字下乡，若只教乡下人认字，也根本无法使其“聪明”起来。

《差序格局》这一篇中提到，乡土中国的人际网络是以自己为中心的“涟漪状”，人际关系网有等级差别，具有伸缩性。由此引出《维系着私人的道德》，西方国家的团体格局，强调共同意志、宗教信仰——“神”无私、公道、平等；而中国的差序格局始终是“自我主义”，所谓“仁”，不过是各种道德的总和。

第六篇探讨《家族》。中国的家族不只是有生育功能的小团体，往往界限会扩大，成为一种事业社群，可以参见电视剧《大宅门》《乔家大院》。纵向关系（如父子、婆媳）为主轴，横向的夫妻关系为副轴，由于家族具有事业社群的性质，所以家法、纪律、服从也暗含其中。

而现代社会的“核心家庭”是以夫妻关系为主轴，亲子关系为副轴，这就与传统乡土中国的家族关系产生巨大的差异——来自农村的婆婆自视“一家之主”，而城市长大的儿媳认为婆婆只是外人、客人，认知不同，婆媳之间自会有诸多矛盾。

电视剧《小日子》里的一个情节，公公来到儿子家里拿出一套《朱氏家训》，要儿媳遵守，观众觉得荒唐无比，倘若读过费孝通的书，便了解这种强调家法、纪律、服从其实是来自乡土中国的家族功能。

当然了，如今家族的“事业社群”功能早已弱化，再拿着过去的一套约束晚辈，纯属不合时宜。

03 文化靠记忆，不能靠本能

在《男女有别》一篇中，费老认为，中国式婚姻是“亚普罗式”的，强调理性和秩序，感情淡漠却稳定。男女授受不亲，男女简单分工，并不追求心灵的契洽。相形之下，同性关系要亲密许多，自古就有义结金兰、肝胆相照的“手足之情”。

第八篇描述《礼治秩序》。中国传统的礼治社会有别于西方的法治社会。礼是传统，是经验，是约定俗成的文化。法律是外在对人的限制，礼教就是一种主动服从的维系。不合乎礼义即为耻，礼治是由整个社会历史来维持的。《无讼》情同此理，乡下人眼中，“城市是个是非场，规矩人住不得”。以礼治国的乡土社会受到传统规则的规训，道德早已内化为习惯，不重折狱重教化。法律是厘定权利，礼教是分辨是非，无讼，显然更符合乡土中国的气质。

几千年的道德规训，使得没有走出农村的人，对女性应该“早婚早育”“生儿育女”的价值观早已内化，而来到城市的年轻人受到多元价值观的影响，不再信奉过去的、传统的“礼教”，所以过年回到农村，被七大姑、八大姨“催婚”“催生”，就产生了严重的分歧和抵触。

第十篇《无为政治》。农业型的乡土社会中，“无为”的政治态度最现实也最为理想。乡土中国选择了与之最贴近的“长老统治”，所以“族长”“一家之长”拥有高度的话语权，由此诞生《长老统治》。作者认为，中国传统乡土社会的权力结构中，有一种教化式的权力存在。

某平台曾有一个备受关注的话题：“为什么总有人仗着自己年纪大，就对我的人生指指点点？”

这或许可以追溯到乡土中国的“长老统治”，在过去的农村，年长者天然拥有话语权。

第十二篇《血缘和地缘》。血缘是身份社会的基础，地缘是契约社会的基础，传统乡土社会是亲密的血缘社会、熟人社会，所以契约难以为继。《名实的分离》论述了在长老权力下，传统的形式是不准反对的，但是只要表面上承认这种形式，内容却可以经“注释”而改变，虚伪在这种情景下是必需的。最末篇《从欲望到需要》告诉我们，在乡土社会中，自然已做好选择，人们依靠经验、按照欲望行事即可；城市却不然。从欲望到需要，是社会变迁中一个很重要的里程碑。

乡村，是“土地平旷，屋舍俨然，有良田、美池、桑竹之属”，也是“黄发垂髫，并怡然自乐”，是过去的安身立命之所，也是游子情感的维系，内心的栖息地。

上下五千年的历史赋予中国人独有的“根文化”，但是在迅速城市化、迅速转型的过程中，乡土气息成了不雅的代称，道德礼俗被破坏，“乡”也不再是衣锦荣归的去处。

动物靠本能来生活，自然不需要文化。“文化得靠记忆，不能靠本能。”费老说，文化是依赖象征体系和个人记忆而维持的社会共同经验。由此看来，急于摒去身上的“土气”，也许是失落了文化的记忆。

学者杨清媚在《最后的绅士：以费孝通为个案的人类学史研究》里写道：“感动和深情在坚守‘价值中立’的学者眼中是极其危险的，它是对客观事实的歪曲，或许还可能是民族主义的滥觞地。但在费孝通为代表的那一代知识分子心底，这深情却是挥之不去的‘心结’，是自然而然的有感而发，也是他们的‘集体表象’。”

我想，《乡土中国》薄薄一本书，寥寥几十页，却成为中国社会学史上的一部巨著，除了研究角度开天辟地，或许也因为凝结了作者的一腔热血。我读《乡土中国》时，为费老字里行间流露的对乡土中国的依恋与深情深深打动。

诗人艾青曾写道：**“为什么我的眼里常含泪水？因为我对这土地爱得深沉……”**

学者满含深情地做学问，不失为一种天真的浪漫。

相濡以沫，怎如相忘江湖

明天是表妹的婚礼，今夜无眠。

她给我讲了一个故事，一个关于相遇的故事，抑或是关于别离。

夜凉如水，用来回忆正好。

01 丽江，是一场深睡眠

怎样的一恍惚，竟已过去十年了。

十年前，我还是个偏执的女孩子，还不懂生活，一不留神，就跌进了一场深睡眠。

故事的发生地在丽江，于我而言，丽江本身就是一场梦游。

我是爸妈的掌上明珠，生命的前十八年，日子单调地行走，乖乖读书，拿漂亮的成绩；心思透明，生活简单而干净。

我从不相信火与水的爱情，“狼爱上羊”只是歌手的一厢情愿。

直到，我遇见他。

有人说，我表面文静守礼，内心却有一股强大的野性，只是被外界所束缚和压抑，如遇适当契机，会爆发。

小时候没什么感觉，心想都不靠谱。

我一向恪守礼教，对于规矩，欣然接受。

但第一眼看到他，我就预感到，心底的某种野性即将喷薄而出，蛰伏了十八年的叛逆蠢蠢欲动。

长长的刘海遮着眼睛，头发是挑染的栗色。

不言不语，眼神颓废疏离。

我身边的男孩子都是阳光上进的高才生，这个男生，和我不是一个世界的人。

然而，正因如此，异质相吸。

02 所谓命运，是你的心

第二天，我就得知，他吸烟成瘾、嗜酒成痴，是当地的富二代，混社会也算混得风生水起。

他的女朋友多到数不胜数，上一个是酒吧的调酒师。

当你面对一面镜子的时候，你能看见你的容颜，但是，你看得见你的心吗？有些东西就住在你心里，即便你画地为牢，终有一天，它会冲破一切桎梏，汹涌而出。

这大约是所谓的宿命。

有人说，命运是遇见什么人，发生什么事。其实不然。命运是你的心，是那只猛虎，什么时候会被放出来。

我封锁了十八年的叛逆与野性，即将冲破牢笼。而我，无能为力。

真正开始打交道，是那天在露天酒吧，我一个人坐着，百无聊赖。

他说，一起来玩，输了的话，我替你喝酒。

于是我去玩，去输，然后看他从容地代我受罚。

他喝酒的样子，很好看。

他说，他念书时是体育生，天天上课睡觉，老师非但不骂他，还经常给他盖上大衣。

他的生活离我太遥远，而我只觉好奇、有趣。

他讲起情史，说交往过五六十个女朋友，但真正动感情且长久的仅有三个；交往最久的长达一个月。

我笑得前仰后合，一个月也算长久吗？

不过，对于他这种“速食爱情”的生物，一个月到底也不短了。

不像我，青梅竹马，相识十二年、相恋三年的男友劈腿，我却至今依然思念一个荒废的名字，一想起来就心疼。

他还说了很多，从前和别人赌酒，两个人都差点送命；带着棍棒打群架，落下满身伤疤，还蹲了几天看守所；去高考考场的路上被情敌用砍刀砍了脖子，一条像蛇一样的伤疤盘踞在他后脖颈处，触目惊心；他给我唱歌，唱的竟是我最喜欢的《独家记忆》和《好久不见》。

那天散摊以后，我失眠了。

他的一切充满诱惑，像云南那些光鲜而有剧毒的菌子，我不顾一切想要靠近。

03 像爱上一株罂粟

纳西人家的晚宴是一家人围坐在火炉边。望着炽热的炭火，我心生胆怯，不敢动手夹菜，害怕火舌灼伤我的手指。

他看出我的迟疑，不由分说帮我夹菜，小小的温暖让我感觉自己被宠到。

好久没有被人疼爱，在上一段感情里，有的只是徒劳付出和满身伤痕。

服务员递上辣酱，我吃不了辣，他自然地说："她不需要，谢谢。"

转过头，他说："云南的辣椒是特产，还是要尝一下，我还没动，你先吃我的，能接受的话，你就吃我这碗，实在吃不了的话，就剩着给我吃。"

在景区排长队，人潮把我们冲散，我被挤到小胖身边。

远远地，他用客家话对小胖喊了一句。我问小胖，他说什么？小胖笑着摇摇头。

其实我听懂了。他说，管好她。

五千米的雪山，天降冰雹。

我没有雨具，只能合撑他的小伞，冰雹打湿他的头发，我却一点都没有淋到。

姐姐给我拍照，他就远远地在镜头外，给我撑伞。

我强烈要求徒步再登一百米，他说，你穿得这么少，又下冰雹，海拔这么高，我不能让你去。

他那般冷酷的外表下，也同样有着温暖的心。

我承认，我变了，心里的野马像脱了缰。

恍惚间，我可能真的爱上他了，像爱上一株罂粟。

姐姐让我和他保持距离，因为他很危险。

一个在所有人眼中最危险的人，却给了我最真实的安全感。

只要他在，我就不怕。

我不知自己为何会对他生出如此强烈的信任和依赖，却也正是这份放心的信赖让他始终对我保持距离，不忍伤害。

多年以后，他说，那是他最纯粹的一次心动。

04 相濡以沫，不如相忘江湖

多情自古伤离别，明天我将离开丽江。

在酒吧里，他跟着驻唱一首接一首地唱歌，声嘶力竭。

震耳欲聋的音乐，我竟也觉得很享受。行将告别，我要了瓶啤酒，陪他喝。

“谢谢这些天你一直照顾我，带我过了一种全新的生活，十八年来未曾感受的生活，算作我的独家记忆。”

他说：“应该的。”眼底竟掠过一丝羞涩。可能是我的错觉吧，我不胜酒力，一定是醉了。

“明天，我就要走了。”

“那是明天的事，今天还是要好好玩哦。”他对我微笑。

一刹那，我觉得有阳光普照。

他的笑容，竟是那么孩子气，是我没有见过的干净和美好。他叛逆、冲动、放荡不羁，但心底依然留有最美的角落，我有幸触及。所有人站在他的对立面，只有我真心地给他温暖和依恋。像他这样玩世不恭的男孩子，当你走近他、接纳他、欣赏他，他会把最好的一面留给你。

他去酒吧门口抽烟，我从窗口向下望。

他靠在墙上，吐着烟圈，抬头看我。

当时的画面，是一个长得像芭比娃娃的单纯女孩和一个成熟沧桑一身邪气的冷酷男人，彼此凝望。

仿佛一个在天堂，一个在冥府，中间隔着人间烟火。

我们活在两个世界。

那晚，他对我说了很多，他觉得自己很失败："我伤害了许多爱我的女孩，也被自己深爱的女生狠狠伤害。我一事无成，愧对父母。"

他说常年烟酒的浸染已经对他的身体有了很坏的影响，他也知道别人怎么看他，就是一个坏男人，一个小混混。

我没想到他会如此对我敞开心扉，推心置腹。

我听着，沉默着，陡然生出某种怜惜的情愫。

在他又一次伸手取烟时，我抢过他的烟："少抽点吧，好吗？"

我不想他伤害自己。

相见时难别亦难，促膝长谈，直到午夜。

这个别人眼中的"危险人物"，对我始终尊重、温柔、疼惜。

他跟我说，酒要会喝，但要少喝，绝不能醉，女生醉酒很危险；烟不要碰，别以为女生吸烟很酷就去尝试，戒烟很难。

他说："我想要你保护好自己，你太年轻，又太单纯，我不想你受伤，因为你是我的家人。"

翌日清晨，在去机场的大巴上，我送给他一个纳西葫芦，里面放着一封信：

相识不到十天，却感觉认识了好久。

这些天你对我的照顾和温暖，我都铭记于心。

要对自己好一点。看到你伤害自己，我们都会心疼。

情场上你并不失败，相信你会遇到真爱，你值得最好的女孩。

走出颓废，CHEER UP（振作起来）！只要努力，你配得起任何未来。

不管别人怎么说，我只相信自己的眼睛。我永远记得那个替我喝酒的、帮我夹菜的、为我撑伞的、让我依靠的，你。

他看完，把头埋在座椅靠背里，我看不见他的表情。

许久，他抬起头，若有泪光。

“常给我打电话。”我说。

“好。”

“给我寄丽江的云腿月饼和乳扇。”

“好。”

“来南京看我。”

“好。”

……

“女士们、先生们，您乘坐的CL9945次航班马上就要起飞了，请各位旅客尽快登机，谢谢合作。”

他的落寞、伤情、颓唐、笑容，还有他身上烟酒的味道，我都会记得。

残忍的是，我们活在两个世界；幸运的是，我们曾不小心走错了路，因而打了个照面。

我又回到了我的生活、我的轨迹，他的生命里也不再有我。

再见青春，再见美丽的疼痛。

再见我的 18 岁，再见灿烂的忧伤。

你走之后，时间的灰尘打湿了我的梦。

醉笑陪君三万场，不诉离伤。

姐，丽江是我的一场深睡眠。十年了，明天，我要嫁人了。

妹妹，不完美的，才是人生。人们都说，成长，就是一个不断受伤、不断痊愈，最终使自己变强的过程。

谁不曾经历疼痛的沧桑？过往却终究只是过往。

我还记得那些人，却不曾提及；我还藏着那些伤，也不曾诉说；我还念着那些情，还不曾遗忘。

最爱的人未必能陪我们走到最后，无论谁对谁错，都只是一场擦肩而过。

相濡以沫，怎如相忘江湖？

生活总是让我们遍体鳞伤，但到后来那些受伤的地方一定会变成我们最强壮的地方。

——海明威

Part 4

勇敢的人不迟疑

人生建议：

尽早对世界祛魅

愿我们都是横冲直撞的玫瑰

01 人生如戏，我付出的却是真心

今天我终于下定决心，拉黑了一个人。

因为没有什么不可言说的秘密，我很少拉黑、屏蔽谁，周围人发生的大多数争执，在我看来都是小事，不足挂齿。

真正重要的人和事，本没有那么多。

今天故事的主角，我和她相识多年，一直把她当成很好的朋友，但她却一直在伤害我。

最早我们认识是通过文字，我是作者，她是策划人，比我年长一点，是很有亲和力的姐姐。

她一直说，如果有机会，想和我合作出版一本书，我也很希望由她帮我策划，因为她不仅是合作方，也是朋友，她了解我经历过什么，也更懂我。

我自己也做过编辑，深知编辑与作者之间，如果能建立深厚的友谊，那么出版的作品一定会比商业流水线制作出来的更有温度。

我的创作生涯中，经历过几年沉寂的时光，我写的作品无人问津，投稿像雪花一样撒出去，纷纷石沉大海，杳无回音。

那时，她在一家不错的公司任职，深得领导赏识，见面聚会，总说："你这么有才华，我给你策划一本书。"

我盼星星盼月亮，她从来只是说说而已。

后来，她的业绩没那么好了，终于想起我，跟我谈合作，帮着公司拼命压榨我的收益。

那时我觉得，她好像根本不关心我的利益和死活，她更关心自己在老板面前，能不能收编一个"听话且廉价"的作者。

不管怎么说，我还是信任她的策划能力，于是高高兴兴交了稿。

02 你应该多学一点人情世故

没想到，稿子给了她，竟一拖再拖，根本无人推进，过了一年，仍未启动编校流程。

再后来，我给她发消息，她都不回复了，打电话也关机。

又过了几个月，她突然上线，说她跟公司闹翻了，又生了病，没法再负责我的书了，移交给了另一个人。

我关心地问她的身体情况，她避而不谈："问题不大，我这次找你，是想跟你说，我换了一家公司，我们再谈谈合作。"

因为信任她，这次我们再签合同我都没细看，我想她这样热心地要和我合作，一定是非常欣赏我吧。

千金易求，知己难寻，我又开始如火如荼地创作。

她总是跟我说：“你应该多学一点人情世故，你看某某作者，今年我过生日，给我买了一个双层蛋糕，端午节还请我们公司全员吃饭。”

那位作者是一位自费出书的女老板，财力雄厚，书一出版就回购了几万本。

听她这么说，我很自卑，觉得自己没什么能力，既不能请全员吃饭，也不能买几万本书。

我给她买了一对珍珠耳环，只等着见面时给她。

我不是吝啬的人，只是当时刚毕业没什么钱，但是我跟她说：“等我发了稿费，我请你去东南亚旅游。”

我只是个小作者，稿费不丰厚，去一趟东南亚几乎就全花光了。我想，虽然我比不上她认识的企业家，但我一定会竭尽所能地回报她。

不料，到了付稿费时，我给她发消息，她又失踪了。面对一纸条款苛刻、四处漏风的合同，我求助无门。

这次她失踪了四个月，再上线时，我问她："你身体怎么样，发生什么事了吗？"

她淡然地说："过去的事就不提了，我入职了新公司，明天就去报你的选题。"

03 愿你是玫瑰，有香也有刺

可想而知，她又拿来一份写满"剥削""压榨"的合同让我签。

表面说"上次那个合同我也没细看，怪我，这次我会站在你这边的”，实则要用低于市场行情的价格签下我，再给老板递上投名状。

我坦诚地说：“这个价格太低了，写一本书真的很不容易，等我以后真正有钱了，咱们再合作吧。”

她说：“其实我签你这一本，完全是出于个人的情结，你没什么粉丝，也没什么流量，我真的不必非要跟你合作的。是因为我和你关系好，才想再合作。”

她很擅长用一些“为我好”的说辞，掩盖她对我的轻视。

她这段话核心的意思其实是：你真的不够好，也不配得更高的稿费。

回望过去，她让我“学点人情世故”，也是在告诉我：你就是不懂事。

一个女生，要逃过多少 PUA（精神操控）的陷阱，才能真正长大？

但我很庆幸，自己这一次终于清醒，放弃自证，放弃寻找认同。

我说：“我不希望你和我合作只是因为情结，我希望你是欣赏我的才华，并且值得为我策划一本好书，我们才合作。我们一起是做事业，不是做慈善。如果因为情结，我们可以约着吃饭、旅游，不必非要合作。”

她又改了口，说：“你现在日子很艰难吗？我觉得你一点都不松弛，你活得好累。你怎么每天都只想着挣钱呢？这样你不会快乐的。”

明明是她千方百计压榨我的利益，还笑话我只想赚钱。

我说：“除了稿费，我也真的很担心你会又一次失联，每一次我信任你跟随你、听候差遣，到最后你都把我毫无负担地甩掉，甩给一些不相干的人，让我不得已和他们从头开始认识、了解、磨合、合作。我理解你也有难处，但我也确实会担心。”

这些话我从来没说过，我总觉得她有难言之隐，但或多或少，她一次次放我鸽子，也会心存抱歉吧？

是我想太多。

她说：“注意！我每一次离职都交接得非常干净利落，从来没有耽误公司的进度，你去问这些公司的老板，他们也一定会这么说。我非常尊重我的工作，也对得起每一份工作和每一个作者。不要拿别人的身体健康说事，你是作者，你要赚钱，但你首先要学会做人！”

人类的悲喜并不相通。

这么多年，我是她招之即来、挥之即去的小喽啰，是她每进入一家新公司，第一个拿去献祭的“作者资源”，在我看来是她“有事钟无艳，无事夏迎春”，在她眼里竟是我不会做人。

我又仔细看了看，我好像也没提到她的身体健康吧？况且我压根儿不知道她身体什么情况，她也不愿让我知道。

她永远高高在上地指点我、批评我，与我合作在她看来亦是一种施舍，即便做的事不地道、不仗义，别人也不能提，提了就是对方不会做人。

她那么理直气壮，我想她或许从来没拿我当朋友吧。

只是人生如戏，我付出的却是真情。

她还在陆续地给我发消息，惊叹号不断，我没再细看，只回了一句：“一个人要是永远对自己的行为没有反思，永远自视绝对正确，错误都是别人的，那恕我没有能力与之沟通。”

然后果断拉黑，聊天记录瞬间清零，世界一片清静。

电影《煤气灯下》诞生了一个心理学名词——煤气灯效应，学术定义是：一种心理操控手段，对受害者施加情感虐待和操控，让受害者逐渐丧失自尊，产生自我怀疑，无法逃脱。

我看到过一个更通俗的表述：“当你在任何关系中，总是一不小心就成了被背叛、被指责的那个，且在被指责后，不仅不会怀疑对方哪里有问题，还总是不自觉地反思，自己是不是真的做错了，并试图不断通过‘自我精进’来满足对方的需求，那么不必怀疑，你就是煤气灯效应的受害者。”

我扔掉了要送给她的耳环，也放弃了维系这样一段不平等的关系，即便没有人愿意策划出版我的书，我也不想一次次被她打压、轻蔑、指指点点。

对那些伤害过我们的人，不要心软，不要自证，远离他们，不给他们再度伤害我们的机会，就是爱自己的一种方式。

愿我们都是横冲直撞的玫瑰，有花瓣，有余香，也有刺。

不必祝我一生顺遂，不必予我高枕无忧

不必祝我一生顺遂，不必予我高枕无忧，愿我独行八百里天堑，信步温暾，愿我在千山万壑中回身，做世间第一等，此间最上乘。

——网络热搜文案

01 丧失选择权的人生最可悲

我认识一个中产家庭，父母都是优秀的技术人员，但妈妈对儿子从小说的话是："永远不要和别人攀比，他强任他强，你不用太努力，爸妈所有的钱以后都是你的，将来让你爸帮你找个工作，咱们就过好平凡的、稳稳的小日子。”

儿子天资聪颖，却懒惰成性，大学因挂科太多而没有毕业，30多岁还赖在家里“啃老”。

后来经人介绍，交了个女朋友，被逼无奈出去上班，找到一份收入微薄的闲差，依然不能经济独立，更别说养家糊口。

尽管他每天只工作六个小时，但过年回家，他舅舅却心疼地说：“不用那么辛苦，你看你都瘦了。别干了，舅舅再给你找个轻松的工作。”

舅舅资产雄厚，他自己的儿子也是“关系户”，他们家族几乎所有的年轻一辈都是盘踞在小城里各单位的“关系户”，竟无一人自力更生。

为孩子包办一切，抹杀孩子的上进心，美其名曰“不必攀比”“过小日子”，纵容孩子啃老、当关系户，这是真正的爱孩子吗？

我喜欢的作家老杨的猫头鹰说："最怕你一生碌碌无为，还安慰自己平凡可贵。"

在大城市挣扎求生，或是在小城市偏安一隅，只是两种不同的人生选择，本无对错优劣。

如果是父母"温水煮青蛙"式为你拦上了另一条路，让你失去选择权，牵着你，让你闭着眼睛，走上更容易的那条路，这样的人生，有什么意思？

02 享受成就感，才能走向人格独立

波伏娃在《第二性》里写道："男人的幸运在于无论成年时还是小时候，别人迫使他踏上最艰苦但也最可

靠的道路。女人的不幸就在于她受到几乎不可抗拒的诱惑包围，一切都促使她走上容易走的斜坡，人们非但不鼓励她奋斗，反而对她说，她只要听之任之滑下去，就会到达极乐的天堂；当她发觉受到海市蜃楼的欺骗时，为时已晚；她的力量在这种冒险中已经消耗殆尽。”

时至今日，我身边“90后”一代的女性都受过良好的教育，也都选择了难走的、独立的那条路，反而某些男性却走上了过去女性的老路，不事生产，不事劳作，不想奋斗，只想有座靠山，无论是父母还是另一半，妄图不劳而获。

鹰击长空，鱼翔浅底；虎啸山林，豹走青川。好的父母，应该给予孩子飞翔的勇气，让孩子无畏向前，却又守在孩子身后，让他们不惧跌落。

为什么会有短视的父母，以爱之名，渴望折断孩子飞翔的翅膀？

告诉孩子奋斗太辛苦，坐享其成就好；外面的世界很无奈，不必去闯，留在我身边就好。

让虎成犬，凤凰作鸡，剥夺其享受自食其力的成就感，这难道是爱吗？

某脱口秀演员在她的播客里，说过这样一段话：

任何人，无论多么爱我，都代替不了我自己去跟世界对话，或者实现自己的力量和成就感。

成就感这个东西很迷人，也非常艰难和珍贵。你会经历很多，会在深夜里哭泣，会在工作中一次次失败和反思，会不停地怀疑自己是不是真的是个废物，会在和父母的交战中一点点放弃边界，又一点点找到自我。当你懂得划出自己人生领地的时候，当你想明白这些困难带给你的意义的时候，成就感就来了。

懂得享受成就感，在我心中，是独立女性最重要的一个部分。你会因为拥有属于自己的领地而快乐，你也懂得为自己所有的选择负责，做错了，我就认。

在我看来，懂得享受成就感，不分男女，就是一个普通人走向人格独立最重要的部分。

而有些父母，竟然希望自己的子女一辈子安逸，最好永远不要拥有成就感，永远不要独立自主，这在我看来，就是把孩子“养废了”。

不论几岁，他们的人格始终无法站立起来，精神上仍是躲在妈妈怀里吃奶的“巨婴”。

我一直坚信，**经济不能独立，人格就不能独立。**人格都无法独立，更没有能力为自己的人生做决定，于是成为父母的提线木偶，一生扮演他们喜欢的乖巧角色。

03 父母之爱子，则为之计深远

看电视剧《知否知否应是绿肥红瘦》时，印象最深的是那句“父母之爱子，则为之计深远。”

明兰的亲生母亲是出身低微的妾室，又不得父亲欢心，每天谨小慎微地活着，被另一个宠妾设计陷害，临死前，郎中给她吊了一口气，让她交代后事。

她说了三句话：一是让明兰务必去祖母膝下，由祖母抚养，这是让女儿成人；二是让明兰改口叫她“小娘”，永远记住“庶出”的身份，这是让女儿保命；三是让明兰不要冒尖，不要露锋芒，这是让女儿立身。

她为女儿的一生，都打算好了。

有一首讲述母女之情的歌里写道：**“不担心的人啊，一定不做妈妈。”**

父母对孩子，总是担心，总是牵挂。

我听过一位母亲忧心忡忡地对儿子说：“我真的不知道，将来我和你爸要给你留几百万，才够你生活？”

我理解她的爱，但她也是真的愚。

一个母亲，行将就木，重要的不是留给孩子多少财富，因为财富终有用尽的一日，更重要的是教给孩子受用终生的智慧，让孩子有能力依靠自己，平安地度过这一生。

授人以鱼，不如授人以渔。给孩子鱼吃，不如教给孩子捕鱼的方法。

战国时，赵惠文王病故，赵太后刚刚执政，秦国就乘机进攻。

赵国危在旦夕，只能向齐国求援，齐国让赵太后把最疼爱的小儿子送去做人质，才答应救援。

赵太后舍不得宝贝儿子，谁劝都没用。

国难当头，老臣触龙挺身而出，只用了一招就说服了赵太后。

触龙先是让赵太后给自己的小儿子谋个差事，赵太后问他：“你也更疼爱小儿子吗？”

触龙顺势说：“男人比女人更疼爱自己的小儿子呢，在我看来，太后您疼女儿，比疼小儿子多。”

赵太后不解。

触龙说：“当年燕国和亲，您舍不得自己的女儿，一直掉眼泪，却还是把她送了过去，每次祭祀时，都祈祷她千万不要被夫家赶回来。哪怕再思念她，还是希望她在燕国长久地扎根，她的孩子能成为燕王，父母之爱子女，则为之长远计啊。”

赵太后点了点头，触龙追问：“咱们赵国君主的子孙，三代以后，还有人继续封侯吗？其他国家君主的后人，还有被封侯的吗？”

赵太后说：“还真没听说过。”

触龙终于挑明来意："近的灾祸殃及自身，远的灾祸殃及其子孙。这些子孙没有为国家作出贡献，却坐拥金银珠宝，难以服众，很快就被推翻了。现在您的小儿子地位尊贵，承受您的庇佑，却不让他为赵国立功，有朝一日失去庇护，他靠什么在赵国安身立命呢？您疼爱女儿远胜过疼爱小儿子啊！"

赵太后恍然大悟，同意送小儿子去齐国做人质，齐国信守承诺，发兵解了赵国之危。

父母爱子女，不是赠予孩子金山银山、家财万贯，而是为孩子的一生打算，培养孩子为人处世的智慧和不屈不挠的意志，无论遇到怎样的困境，都有能力自己逆风翻盘。

04 愿你独行八百里天堑，信步潇洒

孟晚舟在一次演讲中，分享过关于“育儿”的一个故事。

她说她先生是一个凡事好商量、脾气很好的男人，但是面对孩子学习、吃饭、锻炼这三件事，绝无商量的余地。

有一年冬天，送儿子去游泳，孩子不想游，哭着求爸爸：“能不能放一天假，今天真的不想游，明天把今天的补上。”

孩子爸爸说不行，“谁敢替他求情，谁就下去游。”

孟晚舟说，她在旁边看着直掉眼泪，也不敢替儿子求情，她知道“贵在坚持”，是孩子爸爸教育儿子遵守的底线。

后来她儿子成了游泳健将，参加学校的游泳队、水球队，代表学校到处打比赛。

她问儿子记不记得爸爸的严苛管教，儿子说：“我一定忘不了，我有一个特别坏的爸爸，但是没有这个特别坏的爸爸，就没有我的今天。”

最后，孟晚舟说了这样一段令人振聋发聩的话：“身体发肤，受之父母，记忆力的强弱、学习能力的高低，可能我们没法选择。但是，我们可以选择‘毅力’。没有什么困难是过不去的，只要我们坚持。所以我想在未来的日子里，不管世界怎么变化，只要毅力在，我们就走在了成功的道路上。”

那一场演讲的题目是“未来将会选择什么样的年轻人”。

一个家学渊源颇深、引领企业走在科技高精尖领域的女强人，面对育儿的议题，强调的是“毅力”，是“勤”。

而出生在拥有一定的社会资源、社会地位之家，孩子依然要被逼着游泳，要为“坚持”付出汗水和眼泪的代价。

反而是普通中产家庭的父母，明明无力为孩子提供更多庇佑和祖荫，过度溺爱、过分纵容却时有发生。

父母子女终有一别，若不为孩子的长远打算，父母百年之后，那些“啃老”的孩子如何过活？

一生被包办、被溺爱的孩子终有一天要长大，也要做父母，他们又能为自己的后代留下什么？

“富不过三代”大抵如此。

刷视频时，看到这样一条热搜文案：**“不必祝我一生顺遂，不必予我高枕无忧，愿我独行八百里天堑，信步温暾，愿我在千山万壑中回身，做世间第一等，此间最上乘。”**

不必让孩子高枕无忧，天高海阔，敢闯敢拼，无畏独行，千山万水，做世间一等一的侠客与勇士——我想，这才是父母送给子女最好的礼物。

勇敢的人才能先享受世界

01 左手记忆，右手思想

2012 年，我高考前夕。

那时，我还未满 18 周岁，虽然是一个青春期的女孩子，但不写小情小爱，满心都是“治国平天下”。

结果我高考语文单科出了状况，满分作文 60 分，我只得了不到 30 分，人生忽而下坠。

一手好牌被收走，命运在我成年那天重新洗牌。

但人生真的还长，得失亦不在一时一刻、一城一池。

十二年后，在应试教育里惨惨栽倒、高考作文考不到一半分数的我，竟也成了中国作家协会的一员。

人生如一场逃亡，劫后余生满心伤痕累累。在无边暗夜感知到的人性与真理犹如黑暗时刻的一道启明。

此时，把笔之顷，夜凉如水。忽而想起鲁迅先生所言："夜正长，路也正长。"彼时与我，若合一契。

每个人都只能站在自己的局限里观察世界的一角，或是凿壁偷光，或是坐井观天，今人观之，去粗取精，扬弃即可。

莎士比亚曾把记忆比作迷迭香，思想比作三色堇。

我愿左手一束迷迭香，右手一株三色堇，拥抱我深爱的世界、人类与文明。

这个天下有太多事情等待人们去做，亟待我们"90后"去承担。

总有人生在罗马，但对于那些没有福祉享受命运馈赠的我们，只要你坚持走下去，不迟疑、不动摇、不放弃地走下去，走你心里那条正确而非容易的路，罗马，总会抵达。

02 选 A 还是选 B

在环游世界的一年里，我常被问到这样的问题：“你觉得哪个国家或者城市最好？”“国外好还是国内好？”“欧洲好还是美洲好？”

走得越远，见过的城镇越多，我越发开始谨慎地对待这个问题。

小时候我们做题，不论是判断题还是选择题，总归有一个正确答案，但生活的真相，恐怕是你发现这个世界根本没有正确答案。

我很喜欢澳大利亚黄金海岸的气候，因为阳光充足，温暖又不像海南那样潮湿。但是住在这里生活非常不便，大型超市下午五点就关门，居民区和商业区隔离，几乎没有夜生活。

晚上十点半，街区一片死寂，我把音量调到最低在屋里看电影，影片里有一段是男女吵架情节，隔壁的邻居仍以为是我在和人吵架，怒喊让我“Shut up（闭嘴）”。

即便有阳光、沙滩相伴，但若在这里久居，我也要好好考虑一番。

新西兰、冰岛皆是风景如画的人间仙境，有雪山，有冰川，有极光，但当我穿着10斤重的厚棉服，穿行在晶莹剔透的蓝冰洞里鼻炎发作时；在玫红色为主调，五光十色的南极光下整个人冻成“冰棍儿”时，我想这此生难得一见的奇景到底留不住我，明天就要逃离这冰天雪地的鬼地方。

少女时代的我热衷青春疼痛文学，读过一个印象深刻的词语，叫“天寒地冻，路远马亡”。

在冬季的北欧和新西兰南岛，我终于切身体验到天寒地冻，路远我亡……

没有十全十美的城市。每一个地方都有显而易见的优势和劣势，如果你只盯着它的缺点，无论怎么选，最终都会后悔。

03 在100户人家做客

一年的时间里，我住了超过一百间民宿，在一百多户人家做客，房东有的慷慨热情，有的阴险狡诈；同一个我，有人评论“极其邋遢”，有人评论“干净整洁”，十分奇妙。

在国外，我曾住在一个小别墅里，房东是一对情侣，从事社工工作，我本科学社工，对此有些了解，知道这是一个帮助弱势群体、扶危济困的职业——以助人为业，我由此生出一些亲近和敬佩，相信他们会是非常热心的好人。

他们住在二楼，我在一楼，平时不怎么照面，我每天下午会在后院晒太阳，偶尔遇见，他们也跟我热情地打招呼。

通过观察，我发现他们好像不太爱干净，客厅的沙发上都是茶渍、咖啡渍，厨房里的餐具也不大干净，灶台上还有许多小蚂蚁爬来爬去。

住在别人家里，总是会遇见各种各样的小问题，我倒也不太在意，只是每顿饭都会在外面吃，尽量不用他们的厨房和餐具。

住了几天后，我和他们告别，临走还给他们留下了一些从家里带来的“中国零食”，感谢他们为我提供住宿，我们每一次线上、线下的交流都很愉快。

没想到一转眼，我刚在预订民宿的平台上给他们打了五星好评，他们就在回评中怒斥我“不讲卫生”，说我在卧室地面和床单上洒了咖啡，迫使他们花了两倍的时间来清理。

我很纳闷，因为房屋的卫生条件堪忧，我根本没在那个房间里喝过咖啡、吃过东西，而一个看起来喜欢你、貌似助人为乐的人，竟然如此“阳奉阴违”：一边笑脸向你讨要好评，要到手，立刻回馈给你一个无中生有的差评。

在其他一些国家，我遇到了更出人意料的事。

那是一栋临街的小房子，房东是一个英语不太好的老太太，但她非常热情，一见面就拉着我聊了 20 分钟，向我推荐当地好吃的餐厅和有趣的景点，我问她有没有洗衣机，她说："你把需要洗的衣服脱下来，放在洗衣袋里，我免费帮你洗。"

因为是老人家的免费服务，我不好意思洗太多，只放了几件衬衣和一条长裤，还给她留言："如果太多了，我可以支付费用。"

到了晚上，她言语雀跃地回复我："不用付钱，已经给你洗好放在门口啦。"

我是冬天去的，那里的冬天阴冷多雨，但房间里没有暖气或空调可以取暖，我瑟瑟发抖地住了几晚，就匆匆离开了当地。

当我走后，老太太却在线上向我索要高额的洗衣费用，我震惊不已，随后，她发来一张我放在房间衣柜里的贴身衣物照片……

原来在我离开卧室外出游玩时，她直接闯入，还偷偷拍下了我的内衣照片，以此要挟我支付额外的金钱。

我拒绝支付，并向平台投诉她侵犯隐私，她撤回了收费申请，却恶狠狠地诅咒我“厄运不断”。

遇见这些明晃晃的恶意，我有时困惑，有时愤懑，有时不甘，不懂这样的人为何要邀请他人成为座上宾，或许只是为了生计，却无端端结了一段恶缘。

04 那些住过的房子，成了风景本身

在这一百多户人家里，当然也有更多充满善意的房东。

在丹麦，我的房东是华人，得知我抵达时已是深夜，没有地方吃饭，她特意给我准备了晚饭，放在冰箱里。

当我拖着疲惫的身躯，冒着北欧寒冷的风雪进了屋，华人房东专门起身帮我热饭，她说："米饭热到 2 分 45 秒口感最好。"

那一刻，仿佛回到了家，我为素昧平生的善意深深动容。

在摩洛哥菲斯，我的阿拉伯房东每天为我精心准备早餐，因为我怕冷，他从邻居家借来一个巨大的电暖器，满头大汗地抬上楼，给我取暖。我随身携带的迪拉姆不

多，他给我换了许多现金，也没有收取额外的手续费。

在澳大利亚墨尔本，我的房东是一名走遍世界的钢琴老师，她喜爱中国文化，屋子里到处都是中国风的摆件和挂画，从客厅到洗手间，每一处都精心布置，她是那样热爱生活、热爱生命。我作为客人感到住在这里很幸福。

在西班牙马德里，房东是喜欢旅行的海上救生员，她每天都会给我推荐行程，真诚地分享“本地人必吃、必去”和“游客避坑指南”，我乖乖听从了她的建议，让她颇有自豪感和成就感。

在埃及阿斯旺，我晚上从市区回民宿时经过一个荒无人烟的岗亭，突然冲出三名荷枪实弹的大兵，拦住了我的去路。他们不会说英语，用我完全听不懂的语言指手画脚，其中一个冲我做出“开枪”的手势，吓得我魂飞魄散，想象着明天的国际新闻，或许会出现一条《中国一名女游客在埃及遇袭》。

我哭着给房东打电话，不一会儿，房东火急火燎地赶到，义正词严地和大兵进行一番交涉后，把我带回了家。他说："他们想问你收点过路费，我说你是我请来的尊贵的中国客人，不应该向他们付费。"

在这些善良友好的人家做客，我常觉宾至如归、不虚此行。

于我而言，他们和他们的家，就是风景本身。

05 善意和敌意并存，美好与阴影同在

热播电视剧《不够善良的我们》里，二十几岁的女主角失魂落魄地在公园里喝酒，被路过的大爷当成“站街女”，问她：“800 块可不可以？”

我在国外的公交车站等车，发现公交已经停运，但我已经很累了，于是一边坐在车站的座椅上休息，一边查找其他路线回家，可能因为我真的坐了很久，路过的男人神色狡黠，也问了我类似的问题。

我还在其他国家租车自驾，往一个坡道上的停车场停车时，一不小心剐蹭了另一辆车，一群本地男孩围拢上来，冲着我指指点点，看热闹不嫌事大；另一个长头发、嬉皮士打扮的男人直接趴在我的车窗上，盯着我的眼睛，大声骂我是白痴。

此时，你若问我“国外好还是国内好”，我必然不

会选择国外。

可是，在一些国家开车时，你又会佩服绝大多数司机的守规则和守秩序，如果要转向，大家会提前一两个路口开始排队，井然有序地通过；如果你在北京晚高峰的三环上开过车，你会被不断地强行“加塞儿”；打算变道的车冲在最前面，突然急转逼退后车。这些都是常规操作。

我寄宿的一个澳洲家庭，家里每个人下午五点准时下班，五点半到家，一家人其乐融融地吃晚餐，每到节假日就去徒步、冲浪、野餐。

还有那些坐在沙滩上，从黄昏聊到夜幕的闺密，那些带着孩子在公园里荡秋千的奶爸，他们生活得那样惬意、悠闲，自在而幸福，他们在用心地生活，而不只是活着，拿命换钱。

回到我们内卷的职场、“鸡娃”的童年、被外卖和加班充斥的夜晚，哪种生活方式更好呢？

所以我现在很少评论“哪里最好”“哪里更好”这

样的问题，因为生活的真相不是非黑即白，世界非常复杂，总是善意和敌意并存，美好与阴影同在。

我们能做的，是真正选择一种自己更喜欢的人生，享受它正面的成果，也接受它负面的后果。

想好再选，选好就认，勇敢的人才能先享受世界。

认清世界的真相，依然热爱生活。

勇敢，是承认局限，告别完美

01 带爸妈环游世界，给父母买车买房

前些天，我看到一条非常喜欢的旅行博主的短视频。博主说："我们努力的意义，就是为了让父母过上最好的日子。"

她年纪轻轻，已是同龄人羡慕的人生赢家，事业风生水起，爱情美满幸福，原生家庭虽不算富裕，却充满爱。

在视频里，我们才知道，在她成为头部博主的这些年，她已经带着爸妈环球旅行，走过了几十个国家，还

给父母买车买房，让来自东北的父母可以在南方温暖的海滨城市安度晚年。

若是更年轻时看到，我一定会非常羡慕，然后以她的标准来要求自己，希望自己也能成为“完美的女儿”。

但现在，我已放弃了当“别人家的小孩”的幻想，当然了，我依然会觉得这个博主非常出色，但我做不到，我很坦然。

我努力的意义，是为了让自己可以过好普通人的一生，独立而快乐地活着。

而“让父母过上最好的日子”，这个责任我把它归还给父母，我相信他们有足够的智慧和能力，过上自己认为最好的日子。

平凡如我，只能对自己的生活负责。

02 “完美的女儿”

可是，在人生的前三十年，我都在追求成为“完美的女儿”。

读书时，我一直是走读生，骑车上下学，下大雨也不让父母接送，觉得这就是独立，是不给父母添麻烦。

初高中，几乎没在校外补过课，还能保持优异的成绩，给父母省了钱，也省了心。

中考结束，能花“择校费”去读省重点高中，我说，不去省重点，照样能考上好大学。

高考一分之差落榜“985”，我说，不复读，高考不是人生的终点。

记忆里，我很少向父母开口索要，不论是玩具、裙子，还是补课费、复读费，甚至也从未办过成人礼、谢师宴，听到父母的朋友、同事说“我们家小孩要是有李梦霁一半省心，我就烧高香啦”，我很开心，能成为不给家里添乱的小孩，我很满意。

一上大学，我就开始挣钱了。

因为离家远，父母给我的生活费比大多数同学丰厚，但我听了几场讲座，爱上了旅行，又不愿意总向父母要旅行经费，只能埋头赚点辛苦钱。

有时挣得多些，我也给家里置办小物件。

我给家里买的第一件物品是座机电话，欧式仿古款，机身雪白，雕着淡粉色玫瑰花，金色的话筒、听筒由胡桃木手柄连接，旋转式拨号键盘，颇有一种电影感。

摆在家里，感觉在拍《金粉世家》。

当时还是用座机通话的年代，500 元一台，我一介穷学生，“斥巨资”买了两台，分别放在客厅和卧室。

没过两年，座机就彻底退出了历史的舞台，现在只能沦为摆件，而雕花工艺过于繁复，落了灰尘还很难擦净。

学校发了奖学金，我也会给爸妈买衣服、买鞋，广州作为时尚之都，款式花样都新潮，我妈穿去上班，被同事夸赞“港风御姐范儿”。

别人常常对我父母说：“你女儿真好，真孝顺，生孩子还得生姑娘，小棉袄就是体贴！”

这些话我非常受用，为了成为众人称赞的暖心小棉袄，我竭尽全力。

年幼的我和妈妈

03 同人不同命

姥爷临终前，我妈回老家，终日照料在侧，无暇他顾，生活费都忘了转给我。

老家有信号、有网络，我只需打个电话，或是发个微信，让我妈给我转钱，一秒到账，我就能免受饿肚之苦。

或者告诉我爸。他独自在太原上班，下了班就孤零零在家，巴不得我和他多联络、多沟通。

然而，我那时根本不会求助，不会向父母伸手要钱——过了很久我才懂得，**求助是一种技能，而我，从未习得。**

我宁可向最好的朋友借钱，我俩饥一顿饱一顿地挨过两个月，这件事我写在《允许一切发生》里，文章叫《老友记》。

大学毕业后，我就彻底经济独立了。“北漂”再苦，都没从家里拿过钱。

隔三岔五，还要给爸妈换手机、买名牌用品，也带他们去过不少地方旅游。

最离谱的莫过于，我在北京买了房，都没有告诉父母。

他们是从我公众号的文章里才得知此事。

北京的房价不是一个25岁年轻人可以独自承担的，我既不是金融精英，也不是创业奇才，在日薄西山的出版业节衣缩食地攒钱，花光了所有积蓄，还借了贷，只在远郊买到一个39平方米的小商办（商业办公室）。

交完款，我连坐地铁回去的钱都没有了。

中介小哥开车送我回家，对我说：“现在虽然辛苦点，但未来一切都会好的。”

他大约以为我出身贫寒，父母无力支援，但其实，我只是无法向他们开口求援，我太渴望成为“完美女儿”了。

回去的路上，小哥电话响了，他说：“巧了，是你同事，估计也要看房。”

这名女同事和我同年出生，刚从英国留学归来，以应届生的身份进公司，做基础的行政工作，月薪4000元，打算在我们单位附近买房。

在电话那边，她慢悠悠地说：“我妈说，600万以内的房子都可以先看着。”

她和我一样，单身，独生女，来自省会城市工薪家庭，但她却永远活得那样轻盈，那样不疾不徐，不像我，总是奔跑、跌倒，然后爬起来接着冲刺，步履不停。

我在汽车后排，听着他们的对话，早已泪流满面。

那晚，我给闺密发信息：“同人不同命。”

04 不敢当小孩

我必须承认，我并没有被苛待着长大，相反，我爸在我很小的时候就深知“女孩要富养”。他们经常带我吃高档餐厅，给我买质量上乘的衣裤，订价格不菲的杂志，在我成年之前，就带我走遍了家乡省内的所有景点。

父母当然不是铺张浪费的人，买东西首先考虑性价比，但他们对我并没有过于节俭。

在小学，我就拥有了第一部“小灵通”，同学争相借用我的小灵通给家里打电话，告诉爸妈今天早放学、不在食堂吃饭、去同学家写作业……

我去加拿大做交换生，他们二话没说，就把全部费用打到我卡里，甚至因为准备的现金太多，花不完，还余下不少外币闲置在家。

大学毕业前，我在泰国旅行丢了钱包，他们没有责备，只问了我丢钱的数量，第二天就给我补齐。

得知我买房后，爸妈帮我交了研究生第二年的学费，年底理财产品到期，还帮我还了贷款尾款的三分之一。

我没有受过压迫，只是一直自己苛求自己，成为省心、孝顺、贴心的小棉袄。

所以我飞速长大，不敢继续当小孩。

但我并不开心。

05 “扶弟魔”

前两年有个词很火，叫“扶弟魔”，是指多子女家庭里的姐姐，或是被父母要求，或是自己心甘情愿，对家里的弟弟不计成本地奉献，给予过多经济支援，甚至损害了自己的生活水平。

电视剧《都挺好》《欢乐颂》《安家》里，都出现过“扶弟”的姐姐角色。

在生活里，我也认识几名做自媒体的女生。她们的妈妈真的会发信息对她们说：“你现在条件好了，要帮帮你弟弟，他担子重，以后还要买房、娶媳妇。”

然后或被迫或甘愿地，背负着弟弟的命运前行。

作为独生子女，我们很难理解“扶弟魔”，但我后来发现，当一个人对父母承担过多的责任时，和“扶弟魔”的本质是一样的，都是在为他人负重前行，还间接剥夺了他人成长的意志。

每次我带我妈出门旅行，都是大包大揽，订酒店、做攻略、查路线，希望她拎包即走，尽兴而归。

后来发现，当我从小孩的角色迅速逃离，甚至变成“妈妈的妈妈”，其实对她并不公平。她应该接触新世界，应该有更多参与感和体验感，我都替她做是偷懒，是让她站在了新世界的门槛之外。

于是，这次我们去香港，我教妈妈使用“KeeTa app”点外卖；给她看旅行地推荐，让她来决定我们的目的地；在一家本地早茶店，她也能从推着餐车、讲着粤语的香港阿姨那里买回椰皇和叉烧酥。

她是非常聪明的女性，只是我总挡在她身前，还以为她只会依赖。

作家史铁生有句话很经典：**“世上的一些事多是出于瞎操心，由瞎操心再演变为穷干涉。”**

更现代的说法是：“放下助人情结，尊重他者命运。”

成年的我和妈妈

06 承认局限，告别完美

我邀请父母一起去南半球自驾旅行，但他们不愿坐那么久的飞机，我也不再勉强。

我说：“海南人把早茶叫‘老爸茶’，因为年轻人没有钱，又想去喝茶，只能带有钱的老爸同去，所以叫老爸茶。我也是这个思路，环游世界到后半程，没钱了，就想带上老爸一起去。”

这当然是玩笑话，但放在从前，我绝对说不出这种话。

这样松弛的、不必自证的亲子关系，我在努力寻回。

我妈有几十个包包，我常年只背两个双肩包。在埃及，我相中一个帆布袋，色彩夸张明艳，简直爱不释手，但我一到家，还是情不自禁地想送给我妈，直到离家时，偷偷把它放在行李箱带走，还觉得很抱歉。

环游世界时，按照以往的作风，我一定会带回许多爸妈喜欢的东西，却不会给自己买什么。

但这次，我只给家人分别带了一两件小礼物，却为自己的居所添置了异域风情的挂画和桌布。

过去，我一直担心做不成“别人家的小孩”，严格克己，苦苦支撑，这副担子我终于卸下了。

我确实没有能力像我喜欢的那个博主一样，给父母买车买房、带父母环球旅行，但我不遗憾，也不怨恨自己。

我坦然接受，自己不是完美女儿，只是普通女儿，过高的期待达不到，太多的任务完不成。

可是，承认局限，告别完美的想象，也是一种勇敢吧。

在帕劳旅行时，我被赤道附近的紫外线狠狠晒伤，夜里躺在床上，双腿火辣辣地疼，甚至不能碰到被单，一碰就钻心地疼，根本站不起身。

我赶紧把妈妈从睡梦中叫醒，“麻烦”她拿毛巾帮我冰敷，她一趟一趟地跑去浴室，再湿水，更换毛巾。

我腿疼缓解了许多，终于能顺利入睡，第二天就好了许多。

她50多岁，已经睡着了，我自己忍着好了——我没有再这样想。

在帕劳，妈妈给我买薯片，买冰激凌，我也不再抢着去付钱。

在妈妈心里，我一直是“女强人”的角色，偶尔允许自己当小孩，心安理得地被照顾、被呵护，也挺好的。

妈妈大约也很开心吧。

附录 1

人生勇敢清单

你有什么想做而一直没做的心愿吗？

我帮你列了几条，圈出你要实现的承诺，时刻提醒自己，作为你的“人生勇敢清单”。

如果你还有其他心愿，请补充在空白处。

坠入爱河　勇敢说“**不**”　告别拖延

矫正牙齿　学做饭　扔掉 **100 件**不需要的杂物

坚持做义工　提升学历　看 100 本书

少焦虑　尝试一次新手开放麦　**去南极**

不熬夜　多交朋友　做出改变　攒 10 万块钱

经营一段十年的亲密关系

资助一个贫困儿童　**树立边界**

挑战一种新职业　放过自己　去 100 个城市

放弃减肥　**对伤害过的人说“对不起”**

录唱片　当一次群演　少吃外卖

每周末逛公园　做副业　**更加松弛**　分手

买一辆车　保持思考　生二胎

不留遗憾　离婚　写感恩日记

裸辞　慷慨一点　**承担责任**

不当“好女孩”　上一次综艺　和最好的朋友一醉方休

拥有一种信仰　留学　**和父母和解**

办婚礼　打耳洞　逛菜场　**断舍离**

更爱自己　更爱世界

—— 其他 ——

附录 2

给未来自己的一封信

我知道，现在的你对未来一定有许多憧憬，也有很多梦想。

给五年后的自己写一封信，未来五年，别忘了经常翻开它，相信你一定会成为信里期待的模样。

到那时，带着你的信来找我吧！让我们共同见证彼此的改变与成长。

在重逢的街头，心跳定会比我先认出你。

五年之约，我们一起加油！

图书在版编目（CIP）数据

勇敢的人先享受世界 / 李梦霁著 . -- 北京：
新世界出版社，2024. 8（2024. 8 重印）. --
ISBN 978-7-5104-7949-6

Ⅰ. B821-49

中国国家版本馆 CIP 数据核字第 20248DP722 号

勇敢的人先享受世界

作　　者：李梦霁
策划编辑：孙晓敏
责任编辑：孙晓敏
责任校对：宣　慧　张杰楠
责任印制：王宝根
出　　版：新世界出版社
网　　址：http://www.nwp.com.cn
社　　址：北京西城区百万庄大街 24 号（100037）
发 行 部：（010）6899 5968（电话）（010）6899 0635（电话）
总 编 室：（010）6899 5424（电话）（010）6832 6679（传真）
版 权 部：+8610 6899 6306（电话）nwpcd@sina.com（电邮）
印　　刷：小森印刷（北京）有限公司
经　　销：新华书店
开　　本：880mm×1230mm　1/32　尺寸：145mm×210mm
字　　数：142 千字　印张：8
版　　次：2024 年 8 月第 1 版　2024 年 8 月第 2 次印刷
书　　号：ISBN 978-7-5104-7949-6
定　　价：52.00 元